U0175013

· 电磁工程计算丛书 ·

空间离子流场数值计算及工程应用

杜志叶　阮江军　黄国栋　余世峰　著

国家自然科学基金"强风骤雨条件下特高压直流电气设备电晕特性及数值模拟方法"（51977152）、"计及空间电荷影响的油-纸绝缘结构合成电场数值模拟方法研究"（51741708）、"电晕条件下特高压直流电气设备绝缘表面合成电场数值模拟方法研究"（51477120）资助

科　学　出　版　社

北　京

内 容 简 介

本书论述空间离子流场数值计算的基本原理及数值方法，推导各种数值方法的数学方程及算法实现过程。全书共分 9 章，主要内容包括超（特）高压直流输电工程离子流场原理，电晕的机理和预测，离子流场的计算和测量方法，二维、三维和瞬态上流有限元计算方法，电荷输运模型计算离子流场方法，油纸绝缘设备合成电场计算方法。本书融入了近年来国内外在超（特）高压直流输电工程离子流场数值计算、电气设备优化设计与评价方面所积累的经验和研究成果。本书内容所涉及的工程算例，来源于作者所在的研究团队多年来从事电磁环境教学、科研及工程评价累积的资料。

本书可供高压直流输电工程建设、运行和科学研究人员使用，也可作为高等院校电气工程、资源和环境等相关专业的研究生和教师的教学参考书。

图书在版编目（CIP）数据

空间离子流场数值计算及工程应用 / 杜志叶等著. —北京：科学出版社，2021.11

（电磁工程计算丛书）

ISBN 978-7-03-070254-8

Ⅰ. ①空⋯　Ⅱ. ①杜⋯　Ⅲ. ①电场－数值计算　Ⅳ. ①O441.4

中国版本图书馆 CIP 数据核字（2021）第 218934 号

责任编辑：吉正霞 / 责任校对：高　嵘
责任印制：彭　超 / 封面设计：苏　波

科 学 出 版 社 出版
北京东黄城根北街 16 号
邮政编码：100717
http://www.sciencep.com

武汉精一佳印刷有限公司印刷
科学出版社发行　各地新华书店经销
*
2021 年 11 月第　一　版　开本：787×1092　1/16
2022 年 10 月第二次印刷　印张：11 1/4
字数：264 000

定价：115.00 元
（如有印装质量问题，我社负责调换）

"电磁工程计算丛书"编委会

电磁场理论的建立将电磁场作为一种新的能量形式，流转于各种电气设备与系统之间，对人类社会进步的推动和影响巨大且深远。电磁场已成为"阳光、土壤、水、空气"四大要素之后的现代文明不可或缺的第五要素。与地球环境自然赋予的四大要素不同的是，电磁场完全靠人类自我生产和维系，其流转的安全可靠性时刻受到自然灾害、设备安全、系统失控、人为破坏等各方面影响。

电气设备肩负电磁场能量的传输和转换的任务。从材料研制、结构设计、产品制造、运行维护至退役的全寿命过程中，电气设备都离不开电磁、温度/流体、应力、绝缘等各种物理性能的考量，它们相互耦合、相互影响。设备中的电场强度由电压（额定电压、过电压）产生，受绝缘介质放电电压耐受值的限制。磁场由电流（额定电流、偏磁电流）产生，受导磁材料的磁饱和限制。电流在导体中产生焦耳热损耗，磁场在铁芯中产生铁磁损耗，电压在绝缘介质中产生介质损耗，这些损耗产生的热量通过绝缘介质向大气散热（传导、对流、辐射），在设备中形成的温度场受绝缘介质的温度限值限制。电气设备在结构自重、外力（冰载荷、风载荷、地震）、电动力等作用下在设备结构中形成应力场，受材料的机械强度限制。绝缘介质在电场、温度、应力作用下会逐渐老化，其绝缘强度不断下降，需要及时检测诊断。由此可见，电磁-温度/流体-应力-绝缘等多个不同物理场相互耦合、相互作用构成了电气设备内部的多物理场。在电气设备设计、制造过程中如何优化多物理场分布，在设备运维过程中如何检测多物理场状态，多物理场计算成为共性关键技术。

我的博士生导师周克定先生是我国计算电磁学的创始人，1995年，我在周克定先生的指导下完成了博士论文《三维瞬态涡流场的棱边耦合算法及工程应用》，完成了大型汽轮发电机端部涡流场和电动力的计算，是我从事电磁计算领域研究的起点。可当我拿着研究成果信心满满地向上海电机厂、北京重型电机厂的专家推介交流时，专家们中肯地指出：涡流损耗、电动力的计算结果不能直接用于电机设计，需进一步结合端部散热条件计算温度场，结合绕组结构计算应力场。从此我产生了进一步开展电磁、温度/流体、应力多场耦合计算的念头。1996年，我来到武汉水利电力大学，从事博士后研究工作，师从高电压与绝缘技术领域的知名教授解广润先生，开始从事有关高电压与绝缘技术领域的电磁计算研究，如高压直流输电系统直流接地极电流场和土壤温升耦合计算、交直流系统偏磁电流计算、特高压绝缘子串电场分布计算等。1998年博士后出站留校工作，在陈允平教授、柳瑞禹教授、孙元章教授等学院领导和同事们的支持和帮助下，历经20余年，我先后面对运动导体涡流场、直流离子流场、大规模并行计算、多物理场耦合计算、状态参数多物理场反演、空气绝缘强度预测等国际计算电磁学领域中的热点问题，和课题组研究生同学们一起攻克了一个又一个的难题，形成了电气设备电磁多物理场计算与状态反演的共性关键技术体系。2017年，我带领团队完成的"电磁多物理场分析关键技术及其在电工装备虚拟设计与状态评估中的应用"获湖北省科技进步奖一等奖。

本丛书的内容基于多年来团队科研总结,编委成员全部是课题组培养的博士研究生,各专题著作的主要内容源自他们读博期间的科研成果。尽管还有部分博士和硕士研究生的研究成果没有被本丛书采编,但他们为课题组长期坚持电磁多物理场研究提供了有力的支撑和帮助,对此表示感谢!当然,还应该感谢长期以来国内外学者对课题组撰写的学术论文、学位论文的批评、指正与帮助,感谢国家科学技术部、国家自然科学基金委员会,以及电力行业各企业给课题组提供各种科研项目,为课题组开展电磁多物理场研究与应用提供了必要的经费支持。

　　编写本丛书的宗旨在于:系统总结课题组多年来关于电工装备电磁多物理场的研究成果,形成一系列有关电工装备优化设计与智能运维的专题著作,以期对从事电气设备设计、制造、运维工作的同行有所启发和帮助。丛书编写虽然力求严谨、有所创新,但缺陷与不妥之处也在所难免。"嘤其鸣矣,求其友声",诚恳读者不吝指教,多加批评与帮助。

　　谨为之序。

阮江军

2019 年 7 月 1 日于珞珈山

前　言

　　近十几年来，随着人们生活水平的不断提高，电能需求和输电距离不断增加。同时，由于大功率电力电子器件生产技术的不断突破，（特）高压直流输电工程在国内得到了快速发展和推广。高压直流输电技术相关问题，如输电线路电磁环境、高压直流设备绝缘等，成为学者们关注的焦点。

　　随着电压等级升高，高压直流输变电系统存在一系列工程问题。直流输电线路电磁环境主要涉及直流合成电场、离子流密度、直流磁场、可听噪声和无线电干扰等，是工程设计、建设和运维中必须考虑的重要因素。其中，合成电场和空间电荷是直流输电系统所特有的，这导致直流输电电磁环境与交流输电电磁环境相比有较大的差别。当高压直流输电线路和金具表面电场强度超过一定临界值时，会产生电晕放电现象，导致各种危害，如持续的电能损失、可听噪声和无线电干扰影响附近居民的正常生活等。由于直流电场极性方向不随时间变化，导线表面电晕在其周围产生的空间电荷在电场力的作用下，向周围空气中运动，这些空间电荷与导线电位产生的标称电场共同作用形成合成电场。电荷漂移导致漂移方向上的合成电场强度增大，以致地面电场强度可达到标称电场强度的 3 倍以上。空间电荷在输电线路周围定向运动形成离子流，站在直流输电线路下方的人体会截获部分离子流，这部分离子流经人体流向大地，会对人体健康产生不良影响。随着输电线路电压等级和海拔高度的升高，电磁环境问题将更加突出，因此对高压直流输电线路进行电磁环境研究具有重要意义。

　　直流架空输电线路的电磁环境评估指标包括地面合成电场强度和离子流密度。输电线路的设计阶段需要对其进行精确计算，使其控制在标准限值之内。高压电气设备周围合成电场强度和离子流密度的控制方程为耦合偏微分方程组，其解析解较难获得，需要对其进行简化处理后再求解。目前常用的方法有电场线法和上流有限元法。前者基于 Deutsch 假设，认为空间电荷只影响电场强度的大小，而不改变电场强度的方向，从而将二维求解问题转化为一维问题，实现了离子流场的快速求解；后者采用有限元法，结合逆流差分原理，同时考虑了风速和离子的复合等因素的影响，实现了离子流场的准确精细化求解，但计算速度和算法收敛性有待改善。作者所在的研究团队从 2006 年起，从描述空间电荷运动机制的漂移扩散方程出发，结合当时国内外最新的研究文献，基于电场线法和上流有限元法，以及基于空间电荷输运方程模型等方法开展研究，提出了各种工程模型的解决方案，并在我国（特）高压直流输电工程中广泛应用；还提出了瞬态上流有限元法，并将其推广到变压器油纸绝缘结构的合成电场强度计算中，为换流变压器绝缘优化设计提供了参考依据。

　　本书撰写人员多为武汉大学电气与自动化学院的教师和研究生。全书杜志叶、阮江军、黄国栋和余世峰撰写，并由杜志叶教授、阮江军教授统稿。本书的撰写得到了武汉大学张亚东副教授、湖北工业大学金硕博士和福州大学舒胜文副教授的关心和指导。另外，博士研究生杨知非、修连成、岳国华和硕士研究生田雨、连启祥、金颀、杜鹏飞、李凌燕、黄从鹏等参与了文献整理、文档修订与绘图等工作，在此一并向他们表示衷心的感谢。感谢国家自然科学基金委员会的大力支持。在撰写过程中，我们参考、阅读了大量的文献，主要部分已列入参考文献中，在此也对参考文献的作者表示由衷的感谢。有关高压环境的电磁场研究存在很多争议性问题，本书的内容基于作者多年来从事电磁环境教学、科研、工程监测及评价累积的资料和教学讲义。由于作者的水平和经验有限，书中难免有疏漏之处，恳请广大读者批评指正。

杜志叶

2021 年 4 月 30 日于珞珈山

目　录

第 1 章

绪　　论

1.1 离子流场问题的提出

电力工业时代，直流输电是最初采用的输电形式，随着三相交流电机和变压器的应用，交流输电普遍代替直流输电成为主流输电方式。但是，随着电力系统不断扩大，输电功率和输电距离不断增加，大功率换流电子器件诞生，直流输电技术重回历史舞台，在世界范围内得到快速发展和广泛应用。

高压直流输电（high voltage direct current，HVDC）系统较高压交流输电（high voltage alternating current，HVAC）系统更具优势：利用直流输电可以实现不同额定频率或同频不同相的交流系统之间的互联，提高两端交流系统互为备用及发生事故时紧急支援的能力，从而提高系统的稳定性和供电的经济性；高压直流适合高电压、远距离、大容量输电，不会改变功角关系，从而不会因为系统的静态稳定或暂态稳定性能变差而降低输送容量；电力系统非同步联网，被联电网可以独立运行，不受联网的影响，被联电网之间交换的功率可以快速、方便地得到控制，有利于电力系统运行和管理；单极故障时，可以采用大地作为备用电极导线构成回路，提高输电系统的运行可靠性。最早投入商业化运行的高压直流输电工程包括 1951 年苏联建成的莫斯科（Moscow）至卡希拉（Kashira）高压直流输电系统（30 MW，±100 kV，全长 100 km），以及瑞典建成的瑞典本土至哥特兰岛（Gotland）高压直流输电系统（20 MW，±100 kV，全长 96 km）。为了满足电力发展的需要，我国也相继投运了一系列直流输电工程，包括 1989 年投入商业运行的舟山直流输电工程，该线路输电电压等级较低，为±100 kV，以及之后电压等级逐渐提升至±500 kV 的葛洲坝至上海南桥、广西天生桥至广州北郊、三峡至江苏常州、三峡至广东惠州等十几条直流输电工程。云南至广东±800 kV 特高压直流输电示范工程，西起云南省楚雄彝族自治州禄丰市，东至广东省广州市增城区，线路全长 1 438 km，额定输送容量 500 万 kW，2009 年单极投运，2010 年双极投运，这标志着我国直流输电步入了特高压输电行列[1]。然而，高压直流系统在进行大功率、远距离输送电力的同时也带来了一系列工程问题亟须解决。

随着电压等级的提高，输变电系统存在一系列工程问题。高压直流线路电磁环境，包括直流合成电场强度、离子流密度、直流磁场、可听噪声，以及无线电干扰，是工程设计、建设和运行中必须考虑的重要指标。其中，直流合成电场强度和离子流密度是直流输电系统特有的物理量，这导致直流输电电磁环境与交流输电电磁环境有较大的差别。高压直流线路在运行时，电晕产生的空间电荷与直流导线产生的标称电场（没有空间电荷存在时的静电场）共同作用形成合成电场，电荷运动导致漂移方向上的合成电场强度增大，地表电场强度可以达到标称电场强度的 3 倍以上；空间电荷在电场力的作用下定向运动形成离子流，会对线路走廊内人们的健康产生不良影响。随着线路电压等级升高、天气变化加剧，以及海拔高度上升，电磁环境问题将更加突出。因此，对高压直流线路开展电磁环境研究具有重要意义[2]。

高压直流输变电设备本身，如输电线路绝缘子串均压环和直流分压器均压环等，在雨、雾等气候条件下也会出现电晕现象。研究表明，在潮湿雾霾天气，金具表面的电晕起始电压较低，极易产生电晕。在直流换流站内，运行人员经常会看到金具表面辉光放电，并听到嘶嘶声，说明金具产生了电晕，这一现象也验证了上述理论。持续发生的电晕现象在恶劣的自然环境中会加速金具材料的腐蚀；电晕产生的空间电荷在电场力的作用下，会充斥整个空间，形成稳定的空间电荷分布，使得设备附近区域电场分布特性发生变化；空间电荷也会积聚到电气设备的绝缘结构材料表面，如支柱绝缘子和直流分压器等设备的绝缘伞裙表面，使该处的电场强度发生严重的畸变，加剧绝缘子局部或整体的老化，表面憎水性不断减弱直至丧失，使其失去应有的耐污闪性能甚至损坏；空间电荷在运动的过程中，容易吸附在悬浮污秽颗粒表面，在直流电场的作用下带电污秽颗粒更容易聚集在绝缘结构表面，附着的污秽形成的局部干区又会加剧整个设备外绝缘表面电压分布的不均匀程度，局部放电发展到一定程度后转化成稳定的电弧放电，从而引起外绝缘在工作电压下发生污秽闪络。高压直流绝缘子积污较交流时严重，绝缘伞裙上、下表面污秽度比较大，污秽中的盐离子成分也比同等交流电场条件下比重大，使得相同污秽条件下直流污闪电压比交流时更低，这主要是高压直流金具电晕产生的离子流空间电荷导致的结果[3]。

国内外高压直流输电系统运维经验表明，直流输电设备绝缘问题是影响直流输电安全可靠性的关键问题。高压设备体积、质量大，造价高，若发生事故，则会引起直流输电系统被迫停运[4]。换流变压器作为直流换流站内的关键设备，与一般的交流电力变压器在结构和性能方面有较大的区别。国际大电网会议（Conference International des Grands Reseaux Electriques，CIGRE）发布的统计数据表明，换流变压器的故障率约为交流变压器的 2 倍。因此，对换流变压器内绝缘系统的绝缘特性及击穿机理的研究显得尤为重要[4]。换流变压器阀侧绕组油纸绝缘结构承受直流、工频交流和高次谐波等工作电压产生的电场，以及操作过电压和极性反转电压造成的暂态电场。在直流电压作用下，绝缘系统内直流电场呈现阻性分布，传导电流造成油纸分界面上积聚大量电荷。当直流输电换向极性发生反转时，外加的极性反转电压产生的电场和绝缘内部积聚电荷产生的电场共同作用，会极大地增加油纸绝缘材料所承受的电场。因此，油纸绝缘介质往往会因为积聚电荷的作用在电压突变时产生局部放电，甚至会导致绝缘介质击穿损坏[5]。换流变压器运行过程中，线圈产生的焦耳热量和铁心产生的涡流磁滞损耗会使油温升高，随着变压器油的流动，变压器内油纸绝缘系统不同位置温度将存在差异。换流变压器油纸绝缘介质内空间电荷的存在对其绝缘性能是否会产生影响，到底能产生多大的影响，现阶段只存在定性分析及感性认识，并无直接的实验研究和理论依据，缺少对复合电场和温度场作用下油纸绝缘系统的绝缘特性及击穿机理的深入研究，这极大地影响了特高压换流变压器国产化的进程[4]。因此，对换流变压器内部油纸绝缘系统空间电荷产生的合成电场计算方法开展研究具有重要的理论意义和广泛的应用前景。

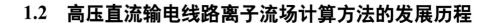

1.2 高压直流输电线路离子流场计算方法的发展历程

作为高压直流输电系统的重要组成部分，直流输电线路对环境造成影响的最重要因素就是导线表面电荷与空间电荷共同作用产生的合成电场，以及空间离子流入大地产生的地面离子电流密度，它们是表征直流离子流场的两个主要参数。国内外研究机构或建立直流输电线路缩尺模型，或针对实际直流工程线路，对地面合成电场强度和离子电流密度与线路基本参数之间的关系进行了大量的测量研究[2]。直流离子流场的计算涉及多方面的问题，导线表面电晕起始场强度的确定，耦合求解 Poisson 方程和电流连续性方程的快速收敛数值计算方法的研究，空间电荷遇到悬浮导体、绝缘介质或被灰尘吸附后的运动特性，大规模三维离子流场数值计算效率的提升，以及交直流混合电场的数值模型等都是国内外学者研究的主要问题[2, 6]。

Hara 等[7-9]在直流离子流场测量方面研究较早，在日本住友电气工业株式会社（Sumitomo Electric Industries）的熊取町（Kumatori）高压实验室建立了单极和双极户外实验线路，考虑风速对空间电荷分布的影响，对导线下方地面处合成电场强度和离子流密度进行了测量。美国电力研究院（Electric Power Research Institute，EPRI）建立了直流输电线路模型，对地面合成电场强度和离子电流密度与线路基本参数之间的关系进行了大量实验，并得到了半经验公式，可以用于线路结构及导线布置与实验线路相似的直流输电线路离子流场工程计算。

国内的文川等[10]于 1985 年对高压直流实验线路的电晕起始电压及地面离子流进行了测量，针对原武汉高压研究所架设的高压直流输电实验线路，提出了同时测量导线电晕电流和地面离子流随导线电压变化曲线的方法用于确定导线的起晕电压，并研究了风向对地面离子流密度分布产生的影响。张美蓉等[11]在实验室内对有架空地线和无架空地线两种情况下，单极和双极模拟直流输电线路下方地面离子流密度和合成电场强度的分布进行了测量，并与户外直流实验线路下方测量数据进行对比，与测量结果比较接近，认为风及架空地线对地面合成电场强度的影响比对离子流密度的影响小。张杰等[12-14]在武汉、青海两地通过缩尺实验研究了不同海拔对高压直流输电线路电晕电流、地面离子流密度和合成电场强度产生的影响，得到直流输电线路起晕电压随海拔的上升而降低，以及电晕电流和离子流随海拔的上升而增大等结论。侯远航等[15]通过缩尺模型实验研究了直流输电线路极导线垂直排列的离子流场问题，测量了不同极导线高度和排列方式下合成电场强度的分布。实验结果表明：极导线水平排列比垂直排列线路下方地表合成电场强度幅值高，高电场强度区宽；垂直排列极导线采用上负下正布置方式时，地表合成电场强度较低。华北电力大学崔翔课题组和中国电力科学研究院在北京特高压实验基地搭建了双极直流实验线段，对线段下方地面和房屋模型顶部的合成电场强度进行了测量，测量结果得到了广泛的引用[16]。

国外学者在直流离子流场计算方面的研究较早，1914 年，Townsend[17]就采用解析计算的方法求解同轴圆柱电极离子流场。对于简单模型，如平行金属板、同轴圆柱和金属球壳电极等，场域及其内部物理量分布对称，因此可以简化为一维模型，该模型存在与边界条件对应的唯一解析解，文献[18]～文献[20]分别对上述三种模型进行了讨论并给出了结果。然而，对于稍微复杂的离子流场模型，无法简化为一维模型进行等效计算，这时必须采用数值计算方法。

Deutsch[21]认为，空间电荷密度只改变电场强度的大小，而不改变其方向，即 Deutsch 假设。Sarma 等[22-25]将关于电位的三阶非线性偏微分离子流场控制方程简化为一阶微分方程组，结合适当的边界条件用于求解单极和双极高压直流输电线路离子流场分布。基于 Deutsch 假设的离子流场计算方法在国内得到了广泛的应用，并被《高压直流架空送电线路技术导则》（DL/T 436—2005）推荐用于工程计算直流输电线路离子流场。该方法被称为电场线法或通量线法，它无须对计算场域划分网格，计算速度快，可以用于指导直流线路工程设计。基于电场线法，国内的傅宾兰[26]编制了单极和双极直流输电线路各种线路布置时的地面合成电场强度和离子流密度的计算程序，并研究了线路参数对合成电场强度和离子流密度的影响。田冀焕等[27]对±500 kV 同塔双回和同走廊双回直流输电线路离子流场进行了计算，研究了双回极导线八种布置方式下地面合成电场强度和离子流密度的特点。杨勇等[28-31]对同走廊双回、垂直排列直流输电线路离子流场进行了计算。杨洁[32]研究了交直流混合输电线路并行走廊下地表电场强度和离子流密度的计算方法。罗兆楠等[33, 34]研究了输电线路下方建筑物附近的离子流场。卢铁兵[35]将此方法应用于±800 kV 直流输电线路离子流场的计算中，并研究了交直流混合输电线路并行走廊下地表电场强度和离子流密度的计算方法。

虽然基于 Deutsch 假设的电场线法在工程实际中得到了广泛的应用，但该方法主要存在三大缺点：第一，该方法无法考虑正、负电荷的复合作用；第二，已知直流输电线路离子流场即空间电荷分布受大气环境影响很大，风的存在会对电场线产生畸变，但该方法无法考虑风速的影响；第三，该方法的理论基础 Deutsch 假设基于简单结构单极线路模型，对于复杂离子流场求解模型，存在计算精度较低的缺点。Maruvada[36]认为，在弱电晕状态下运行的直流输电线路，采用 Deutsch 假设的计算方法结果基本合理。李伟等[37]针对双极直流输电线路离子流场进行计算，分析了 Deutsch 假设带来的误差，也认为基于该假设的离子流场计算方法仅适用于电晕放电强度相对较低的直流输电线路，对于±800 kV 特高压直流输电线路离子流场，该假设会带来高达 20%的误差，并且误差会随导线半径的减小、分裂导线数目的减少而增大。随着电压等级的升高，海拔高度的上升，电晕程度的加剧，空间电荷对直流输电线路电场的畸变作用更加明显，其离子流场分布情况更加复杂，此时基于 Deutsch 假设建立的离子流场数学模型在理论上可能会造成较大的误差。

Janischewskyj 等[19]首次提出了采用有限元法求解直流离子流场，在求解过程中采用 Kaptzov 假设，认为导线产生电晕后其表面电场强度维持在电晕起始电场强度不变。

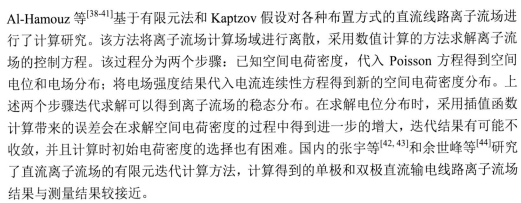

Al-Hamouz 等[38-41]基于有限元法和 Kaptzov 假设对各种布置方式的直流线路离子流场进行了计算研究。该方法将离子流场计算场域进行离散，采用数值计算的方法求解离子流场的控制方程。该过程分为两个步骤：已知空间电荷密度，代入 Poisson 方程得到空间电位和电场分布；将电场强度结果代入电流连续性方程得到新的空间电荷密度分布。上述两个步骤迭代求解可以得到离子流场的稳态分布。在求解电位分布时，采用插值函数计算带来的误差会在求解空间电荷密度的过程中得到进一步的增大，迭代结果有可能不收敛，并且计算时初始电荷密度的选择也有困难。国内的张宇等[42, 43]和余世峰等[44]研究了直流离子流场的有限元迭代计算方法，计算得到的单极和双极直流输电线路离子流场结果与测量结果较接近。

1981 年，Takuma 等[45]提出了上流有限元法（也称为迎风有限元法）计算直流线路离子流场。该方法通过寻找和判断上流有限单元，从导线表面逐渐向外求解空间电荷密度。该方法被 Brooks 等[46]指出存在收敛性差的缺点，并于 1987 年对其进行了改进，改用积分形式的电流连续性方程而非 Poisson 方程求解电位，提高了计算方法的收敛稳定性[47]。然而，在应用过程中，导线表面电荷密度恒定不变，其数值大小由电晕电流测量结果得到。基于上流有限元法，国内的卢铁兵等[48-50]率先将导线表面边界条件改为 Kaptzov 假设，并考虑了风速的影响。甄永赞等[51, 52]在上流有限元法的基础上引入了边界电场约束方程，可以摒弃模拟电荷法精确计算得到导线表面及空间电场强度。李伟等[53-56]通过对电荷密度初始值的选取和边界条件处理方式的改进，提高了计算方法的适用范围，可以研究分裂导线和多回输电线路等电场分布极不均匀的结构，提高了计算稳定性和效率。李伟等[57]还实现了时域迎风差分算法，可以用于求解交直流并行输电线路的混合电场，并提出了变时间步长的计算方法，大幅度地提高了计算效率。

李欣等[58, 59]最早将有限元法与有限体积法结合用于计算直流离子流场。这种算法采用有限体积法计算电荷密度分布，计算可靠性较好；但边界电荷密度值等于迎风控制容积的电荷密度值，导致计算精度较低[60]。周象贤等[61]提出了隐式时间差分时域有限元-有限体积混合方法。

对于三维离子流场计算，秦柏林等[20]率先将电场线法拓展至三维模型，计算了双极模型换流站离子流场。近几年，罗兆楠、甄永赞等在三维离子流场计算方面做出了大量的贡献。罗兆楠等[62]采用三维电场线法计算离子流场，认为可用于考虑输电线路弧垂及输电线路下方存在建筑物等复杂离子流场计算问题，并计算了高压直流输电线路附近存在建筑物时的离子流场分布。甄永赞等[63, 64]基于二维上流有限元法，提出了三维上流有限元法计算离子流场，在计算中采用二阶四面体单元，提出了一种新的计算格式，显著降低了计算内存和矩阵方程的求解代价，实现了三维上流有限元法计算双极输电线路离子流场；将简单模型离子流场解析解与数值解进行对比验证了算法的有效性；采用二维-三维相结合的方法（2D-3D method）对输电线路下方地面存在人体活动情况下的离子流场进行了计算：首先确定包含人体模型的三维计算区域，然后将二维双极输电线路离子流场计算结果施加到三维计算区域边界上，根据三维上流有限元法对三维区域内离子流场进行计算，最后得到人体模型附近的合成电场强度分布。现阶段求解离子流场算法的迭代收敛稳定性受导线表面电荷密度边界条件及空间电荷密度初始值影响较大。黄国栋等[65]在上流有限元法计算中引入了一种新型迭代控制方式，提高了在不同边界电荷条件下的收敛效率。求解 Poisson 方程和电流连续性方程的方法有很多，如边界元法和模拟电荷法求解 Poisson 方程计算电位分布等。而电荷密度的更新可以采用加权余量法求解电流连续性方程。总之，不管采用何种方法求解上述方程，具体实现过程都是通过迭代的方法逐渐得到空间电荷密度的稳态分布。

1.3　高压直流输电线路对周围环境的影响

高压直流线路运行时，线路电晕不但会增加线路的电能损耗，加剧金具设备腐蚀老化，还会引发直流线路所特有的离子流场效应，导致一系列电磁环境问题。随着输送容量的扩大和运行电压等级的升高，电磁环境问题越来越严重。超（特）高压直流线路电磁环境已成为超（特）高压输变电工程建设必须重点考虑的关键约束指标之一。

1.3.1　高压直流输电线路电磁环境的影响研究

为了解决高压直流输电线路产生的电磁环境问题，国内外输电工程在使用新电压等级输电时，必须首先通过理论计算确定设计准则，然后与实验研究相结合来验证其工程可行性。基于上述思路，输电工程不但能具有良好的经济性，而且不会产生电磁环境问题。

20 世纪 60 年代开始，美国、苏联、日本、意大利、巴西和加拿大等国就先后开展了直流电磁环境方面的研究。其中，美国最早建成了特高压直流实验基地，通过各种暂态电击实验初步研究了直流电磁场可能造成的短期生态影响[66]。但当时对直流电场可能引起的长期生态影响方面的研究成果并不多。20 世纪 70 年代，达拉斯（Dallas）实验基地对 ±375～±600 kV 的直流线路进行了包括不同电气参数和不同环境参数等条件下电磁环境的研究[67]；美国邦纳维尔电力局（Bonneville Power Administration，BPA）使用 ±500 kV 直流实验段，通过跟踪观察附近动植物的生长情况研究了电场的长期生态影响，发现只要合理控制输电线路下方的电场限值就可以有效防止对生态环境的不利影响[68]。除此之外，苏联特高压变电所、英国中央电力局（Central Electricity Generating Board，CEGB）和法国电力集团（Electricite De France，EDF）等机构也在不同时期研究了直流电场对人和动物可能的生理危害[66]。美国 EPRI 通过深入研究 ±400～±600 kV 直流实验线路的电磁环境特性，验证了其工程可靠性，并基于大量实验数据初步总结了直流合成电场、可听噪声和无线电干扰的计算方法。加拿大魁北克水电研究所（Hydro Québec Research Institute，IREQ）对 ±600～±1 200 kV 直流输电线路的电磁环境进行了研究，证明了特高压直流线路在技术上的可行性。美国 CIGRE 与电气电子工程师学会

（Institute of Electrical and Electronics Engineers，IEEE）也对±1 000～±1 200 kV 等更高电压等级的直流输电线路进行了全面的工程可行性研究，并提出了计算合成电场的半经验公式法[69]。总的来说，各国学者对电磁环境影响方面的研究已取得许多成果，但对直流电场产生的生态效应仍存在争论，各国对相应电磁环境限值的规定还没有统一[66]。

我国对直流输电电磁环境问题的关注比较晚，随着近年来高压直流输变电工程的规模化建设，电磁环境问题才逐渐引起人们的重视。20 世纪 80 年代，中国电力科学研究院建立了±500 kV 工程模拟线路进行人体感受实验研究，根据评价结果初步制定了合理的电场标准，取得的成果已用于葛上直流工程设计，并列入《高压直流架空送电线路技术导则》（DL/T 436—2005）中[70]。21 世纪以来，我国开始建设特高压直流实验基地，主要开展特高压直流输变电技术方面的研究课题，也用于研究并总结特高压直流线路电磁场对周边生态环境的影响等，研究成果已写入《±800 kV 直流架空输电线路设计规范》（GB 50790—2013）等国家电力行业标准中[71, 72]。

目前，国内对高压直流输电线路电磁环境方面的计算研究日益成熟，研究成果涵盖了±500 kV、±660 kV、±800 kV 和±1 100 kV 等多个电压等级线路，以及单极、单回和双回等多种输电形式，主要通过理论计算分析和大量实验工程确定线路设计参数和杆塔结构形式，在满足电磁环境标准要求的前提下，有效增加了输送容量，保证了线路的安全经济运行。目前，各种高压直流工程的电磁环境限值标准主要还是参考±500 kV 或±800 kV 的标准，具体还需根据实际环境条件的变化进一步研究论证[73]。与其他国家相比，我国地域辽阔，地形复杂，气候差异大，再加上人口密度分布极不均匀，远距离高压直流线路电磁环境受环境影响的因素更复杂，这些给实际工程的线路设计带来了一定难度。特别是我国高海拔地区的电磁环境问题几乎没有一定的国外经验或规律可循，因此任何一种新的高压直流输电线路投入工程实践之前，都必须基于我国国情，并考察天气和海拔等因素，从实际环境条件出发进行有针对性的理论计算和实验研究[74]。

1.3.2 直流输电系统电磁环境相关标准

1. 电晕及其功率损失

电晕产生的离子在极间区进行复合，或者通过漂移不断扩散，形成稳定持续的离子电流，由此造成的能量损失称为电晕损失。线路电晕是在导线表面电场强度超过某一临界值（电晕起始电场强度）后才开始产生的，利用 Peek 公式能够确定不同直径和粗糙程度的输电导线电晕起始电场强度。而直流放电电晕的严重程度取决于导线表面电场强度的数值。导线表面电场强度的计算方法和计算精度非常关键：对单根导线可以利用 Maxwell 电位系数法求解；对于分裂导线，导线表面最大电场强度可以通过Markt-Megele 法等效为单根导线或利用经验公式求解。近年来，利用逐次镜像法、有限元法和边界元法均可以很方便地求得各子导线表面电场强度的数值，计算效率和精度得到了很好的提高[75]。

电晕损失的计算可以采用 Peek 法、Anneberg 法或 Popkov 法。在给定的电压下，双极性线路每一极的电晕损失是单极性电晕损失的 1.5～2.5 倍；不论是单极还是双极，正极性与负极性的电晕损失大致相等。

2. 直流输电线路电场效应

当直流输电线路表面电场强度超过电晕起始电场强度时，靠近导线表面的空气发生电离，电离产生的空间电荷在电场力作用下运动形成离子电流。空间电荷本身产生的电场将大大加强由导线表面电荷产生的电场；由极导线向大地运动的离子电流，遇到对地绝缘的物体，将附着在该物体上形成物体带电现象。当电荷积聚达到一定密度时，可能出现局部放电或引起暂态电击。

直流输电线路下的空间电场由两部分合成：一部分是由导线表面自由电荷产生的静电场，该电场与导线排列的几何位置有关，与导线的运行电压成正比，称为标称电场；另一部分是由空间电荷产生的电场，该电场与导线的电晕程度和导线排列的几何位置有关。这两部分电场叠加，称为合成电场。合成电场与标称电场的比值主要取决于导线电晕的程度。根据工程测量结果，最大合成电场强度有可能比标称电场强度大很多，甚至可以达到它的 3 倍以上。人在直流输电线路下活动，电场产生的效应主要包括人在高压直流电场下的感受、人截获离子电流的感受，以及人接触接地和绝缘物体后的感受等几个方面。通常情况下，高压直流线路下方地面合成电场强度高于相同电压等级的交流线路下的电场强度，因此不能将直流电场与交流电场等同；在正常运行的直流输电线路下，没有通过电容耦合的感应现象。即使在相同的电场强度幅值下，工频电场与直流合成电场产生的效应也极不相同[75]。

3. 无线电干扰

电晕放电就其性质来说是脉动的，在输电导线上产生电流和电压脉冲，这些脉冲是以上升至幅值的时间和衰减时间来表征的，一般为微秒的数量级，重复频率在几万到几十万赫兹范围内。

负极性导线电晕放电，放电点一般均匀分布于整个导线表面，脉冲幅值小，重复出现的脉冲幅值基本一致，与正极性导线相比，对无线电信号接收干扰不大。

正极性导线电晕放电，放电点在导线表面的分布随机性大，持续的放电点大多数出现在导线表面有缺陷处，放电脉冲幅值大，且很不规则，是无线电干扰的主要来源。对于双极直流输电线路，正极导线产生的无线电干扰一般要比负极性大 6 dB。

美国 EPRI 在实验线路下，对实验线路加不同电压，邀请一些人进行无线电信号接收质量的评价实验，其接收质量分为背景察觉不到、背景可察觉、背景明显、难听懂和听不清五个等级。主观评价结果认为，对直流输电线路，广播信号必须比线路产生的无线电干扰高出 20 dB，才能较为满意地收听。直流输电线路因电晕对无线电广播的干扰比交流线路要小[76]。

目前，对于直流线路无线电干扰的计算方法，常用的有国际无线电干扰特别委员会（International Special Committee on Radio Interference，CISPR）推荐公式[77]和美国 EPRI 推荐公式。EPRI 推荐公式没有提到导线分裂数对无线电干扰的影响，而 CISPR 推荐公式是综合世界各国的数据整合而成的，具有较高的适用性[78]。CISPR 推荐公式为

$$RI = 38 + 1.6(g_{max} - 24) + 46 \lg r + 5 \lg n + 33 \lg \frac{20}{D_{ia}} \tag{1-1}$$

式中：RI 为单回双极线路在基准频率 0.5 MHz 下的晴天 50%无线电干扰水平，dB；g_{max} 为导线表面最大电场强度，kV/cm；lg 为以 10 为底的对数；r 为子导线半径，cm；n 为导线分裂数；D_{ia} 为计算点距正极导线的直线距离（适用于 $D_{ia} < 100$ m）。

对于双回直流线路的无线电干扰计算，我国通常采用 CISPR 推荐公式。其计算步骤如下。

（1）用逐次镜像法分别计算两回线路各自的导线表面最大电场强度。

（2）将两回线路各自的导线表面最大电场强度分别代入式（1-1），计算得到每回线路在基准频率 0.5 MHz 下，距正极导线对地投影 20 m 处晴天时的无线电干扰值 RI_1 和 RI_2。

（3）将两个单回线路的无线电干扰在能量层面上进行叠加，得到双回直流线路的无线电干扰。其计算公式为

$$RI = 20 \lg \sqrt{(10^{RI_1/20})^2 + (10^{RI_2/20})^2} \tag{1-2}$$

当海拔超过 500 m 时，无线电干扰计算值要进行海拔修正，根据国内外研究成果，一般无线电干扰随海拔的升高按 3.3 dB/1 000 m 的标准增大[79]。

4. 可听噪声

输电线路导线出现电晕后，伴随电晕放电，同时还会产生可听噪声。随着线路运行电压的上升，可听噪声如果控制不力，会使输电线路走廊附近居民烦躁不安，这已成为交、直流特高压输电线路设计和规划必须考虑的重要因素。通过交、直流线路大量实验研究，已经查明电晕放电时产生的可听噪声主要来自正极性流注放电。可听噪声对人造成的烦恼程度，与每个人的生理条件有关，很难给出一个严格和准确的客观标准。美国 EPRI 在直流实验线路下，对实验线路加不同电压，每级电压下稳定一定时间，通过主观评定，将噪声烦恼程度分为很寂静、寂静、比较嘈杂、嘈杂、很嘈杂和不能忍受的嘈杂六个等级[75]。在设计和建设直流输电线路时，应将可听噪声限制在合理范围内。

国内外研究机构在大量实验测量数据的基础上给出了不同的用于预测直流线路可听噪声水平的经验公式，其中以美国 BPA 推荐公式和 EPRI 推荐公式最具代表性。有学者在科研报告中通过与实测数据对比研究发现，BPA 推荐公式的计算结果与实测结果更接近[80, 81]。BPA 推荐公式为

$$AN = -133.4 + 86\lg g_{max} + 40\lg d_{eq} - 11.4\lg D_{ia} \quad (1\text{-}3)$$

式中：AN 为好天气时的可听噪声值（L_{50} 值），dB；g_{max} 为导线表面最大电场强度，kV/cm；$d_{eq} = 0.66 \times n^{0.64} \times d$（$d$ 为子导线直径），mm。

对于双回直流线路的可听噪声计算，我国通常采用 BPA 推荐公式。其计算步骤如下。

（1）用逐次镜像法分别计算两回线路各自的导线表面最大电场强度。

（2）将两回线路的导线表面最大电场强度分别代入式（1-3），计算出两回线路各自产生的正极导线投影外 20 m 处好天气的 50%概率可听噪声（L_{50}）AN_1 和 AN_2。

（3）将每回线路可听噪声转换为声压表示，再将声压进行叠加，得到双回线路的可听噪声数值（单位：dB）为

$$AN = 10\lg(10^{AN_1/10} + 10^{AN_2/10}) \quad (1\text{-}4)$$

海拔超过 500 m 时，可听噪声计算值要进行海拔修正，根据最新研究成果，可听噪声随海拔的升高按 2.2 dB/1 000 m 的标准增大[79]。

5. 电磁环境标准限值

为控制直流输电线路对环境造成的影响，中华人民共和国国家发展和改革委员会 2005 年发布《高压直流架空送电线路技术导则》（DL/T 436—2005）规定，直流线路下地面最大合成电场强度不应超过 30 kV/m，最大离子电流密度不应超过 100 nA/m²。无线电干扰限值与交流时相同，遵循《高压交流架空送电线路无线电干扰限值》（GB 15707—1995）标准。在线路档距中央距正极性导线投影外侧 20 m 处，由线路电晕产生的可听噪声应不大于 50 dB（A）。

对于±800 kV 直流输电线路或±800 kV/±500 kV 混压双回路直流输电线路的电磁环境控制标准，现阶段可以参考±800 kV 特高压直流输电线路的取值。结合国家标准《±800 kV 特高压直流输电线路电磁环境参数限值》（DL/T 1088—2008）和《高压直流架空送电线路技术导则》（DL/T 436—2005）的相关规定，我国目前采用的控制标准如表 1-1 所示。表中：地面合成电场强度和地面离子流密度限值为一般非居民区的限值；直流线路的走廊宽度按邻近民房时地面处最大未畸变合成电场强度不超过 15 kV/m 的原则确定；地线表面最大电场强度以控制地线不产生电晕为原则设定。

表 1-1　电磁环境限值标准

电磁环境指标	地面合成电场强度/(kV/m)		地面离子流密度/(nA/m²)		无线电干扰/dB	可听噪声/dB	地线表面最大电场强度/(kV/cm)
	晴天	雨天	晴天	雨天	海拔<1 000 m	海拔<1 000 m	
限值	30	36	100	150	58	45	18

无线电干扰限值是反映各种天气条件的具有统计特性的值，即双 80%值（80%时间、80%置信度），而由公式计算得到的无线电干扰水平为好天气时距正极导线的距离为 20 m 处 0.5 MHz 频率下的无线电干扰平均值（50%值）。直流输电线路无线电干扰双 80%值与 50%值的差为 3 dB，因此需要先将计算结果增加 3 dB 换算为双 80%值再进行判断。

可听噪声限值为晴天时距直流线路的正极性导线对地投影 20 m 处 50%可听噪声水平（L_{50}）。在海拔较高的地区可适当放宽无线电干扰和可听噪声的限值标准：当海拔 1 000 m 以上地区且线路经过非居民区时，可听噪声不能超过 50 dB；当海拔超过 2 000 m 时无线电干扰不能超过 61 dB。

1.4　换流变压器油纸绝缘介质合成电场研究现状

换流变压器是高压直流输电系统的关键设备，油纸绝缘材料作为变压器内部承受电压的介质，其绝缘性能直接影响着变压器的绝缘水平[82]。换流变压器内部的油纸绝缘介质不仅承受着与普通电力变压器一样的交变电场和操作过电压带来的瞬变电场，还承受着直流电场和极性反转电场的作用[82, 83]。直流电场和温度梯度作用下油纸绝缘介质内部电荷的运动特性、油纸绝缘介质的击穿闪络特性[84]，以及复杂电场作用下换流变压器内部承受瞬态电场的计算[85]等问题是换流变压器绝缘系统研究的主要问题。本节主要对油纸绝缘介质合成电场的数值计算模型及内部空间电荷运动特性的国内外研究现状进行简要的论述。

油纸绝缘介质内部空间电荷的运动会导致绝缘介质内电场分布的改变，或加强或削弱局部电场，因此对空间电荷的研究是研究油纸绝缘介质击穿、老化和极化等现象的基础。要想准确计算油纸绝缘结构内部的合成电场，必须准确模拟油纸绝缘内部空间电荷的运动特性。国内外研究人员对空间电荷的研究大多针对聚乙烯等电力电缆绝缘材料[86]，针对换流变压器油纸绝缘材料内部空间电荷运动特性的研究很少[87]。

1997 年，Morshuis 等[88]首次采用电声脉冲法（pulsed electro-acoustic，PEA）对直流电压作用下油纸绝缘材料内部空间电荷进行了测量。Liu 等[89]于 1998 年研究了浸油绝缘纸板内水分含量对空间电荷分布产生的影响。研究表明，水分含量严重影响绝缘纸板试样中的空间电荷和电场强度分布：水分含量越高，空间电荷在样品中注入深度越深，且积聚达到稳态的时间越短。

国内的周远翔等[87]研究了单层油纸绝缘介质内空间电荷的积聚和消散过程。廖瑞金等[90]系统地研究了油纸绝缘材料内的空间电荷特性，分析了空间电荷的注入和迁移特性受外加电压、测试温度、绝缘纸层数和热老化程度的影响，得到了空间电荷注入量、分布形态和注入速度的变化规律。在直流电压作用下，油纸绝缘介质内部会出现明显的同极性电荷注入；多层油纸绝缘介质交界面上容易出现正极性电荷，电荷量的大小受温度和热老化程度影响很大；外加直流电压大小影响极板注入电荷量的多少，而外界环境温度影响电荷的运动速率和分布位置；热老化程度明显影响电荷的注入量和注入深度。他们基于 PEA 法测量得到的空间电荷密度衰减特性，提出了电荷视在迁移率的概念，得到了油纸绝缘介质在加压或去压过程中总电荷量随时间呈指数函数变化的规律，并计算了油纸绝缘内部的陷阱能级分布；采用分子模拟软件 Material Studio 仿真计算了纸板纤维素内部空间电荷陷阱深度，该研究可以用于指导改变材料微观特征参数来提高油纸绝缘的电气绝缘性能。

周远翔等[91]采用 PEA 法对单层和双层油浸纸板内部的空间电荷特性进行了测量和分析，采用较厚的绝缘纸板（0.5 mm）浸油处理作为实验研究对象，研究了外加电压及双层油纸绝缘介质之间的界面对空间电荷运动特性产生的影响，以此作为研究油纸绝缘击穿和沿面闪络机理的基础；定性分析了双层介质交界面上由介质电导率和介电常数的差异在界面上产生的面电荷密度，认为这就是实验测量过程中介质交界面上存在的电荷量的来源，并解释了外加直流电压初期极板附近产生的异极性空间电荷的原因；针对不同电极材料，研究了铜、铝和碳化硅三种电极材料对空间电荷运动分布产生的影响[92]。基于上述实验内容，得到结论：第一，双层油纸绝缘介质交界面上存在势垒，阻碍了空间电荷的运动，所以外加直流电压时，双层油纸绝缘内空间电荷的积聚速度明显低于单层介质，而撤去电压后，双层介质内空间电荷的消散速度也明显低于单层介质；第二，空间电荷注入速度受外加电场影响很大，电场强度越大，注入速度越快；第三，电极材料对电荷注入存在影响但并不明显。

陈曦等[93]考虑温度梯度下声波的衰减特性，研究了温度梯度对电声脉冲法测量得到的空间电荷波形产生的影响，提出了校正恢复方法得到实际电荷分布。吴锴等[94]研究了温度梯度对单层和双层油纸绝缘介质内空间电荷的运动分布规律产生的影响，认为随着温度梯度的增大，低温侧异极性空间电荷逐渐增多，因此低温侧电场畸变更严重，而随着外加电场强度的增大，在同一温度梯度下，低温侧电场畸变率减小；两层油纸绝缘介质交界面阻挡了空间电荷的运动，交界面上积聚的电荷总量随温度梯度的增大而增多。

基于大量实验数据，国内外科研工作者建立了数学物理模型来研究空间电荷的运动特性。空间电荷在电介质内部的运动需要同时满足 Poisson 方程和空间电荷输运方程（即电流连续性方程）。Alison 等[95]首次提出了双极性空间电荷动态仿真模型，研究了交联聚乙烯（XLPE）材料中空间电荷的运动特性。该仿真模型考虑了自由电子、入陷电子、自由空穴和入陷空穴四种载流子，并且考虑了正、负载流子之间的复合及自由载流子的入陷、脱陷过程。针对上述模型进行仿真时，在极板电极上施加固定电荷浓度边界条件。Severine 等[96]提出了类似的双极性空间电荷运动模型，采用 Schottky 电极注入电荷代替固定电荷密度边界条件；基于上述模型，还研究了不同直流电压作用下空间电荷浓度随时间的变化关系，但采用的载流子迁移率为常数，恒定不变。文献[96]中提到根据聚乙烯材料的实验特性，其内部不存在自由电子与自由空穴的复合，但针对油纸绝缘介质，并没有相关实验或理论研究提出类似结论。油纸绝缘介质主要应用在电力变压器内部，通常以多层结构出现，油纸介质层间的电荷积聚和析出的物理机理并不明确；电力变压器内部绝缘材料不同位置温度不同，基于温度梯度下的 PEA 法空间电荷测量实验已有不少成果，但由于温度对电极表面载流子析出，且对载流子迁移率的影响只存在定性分析，并无定量描述，温度梯度下油纸绝缘材料内部空间电荷仿真分析很难实现。总之，针对油纸绝缘介质内部空间电荷的运动仿真存在很多难点有待攻克，实现空间电荷对油纸绝缘介质击穿机理影响的研究还有很长的路需要走。

本章参考文献

[1] 王红梅. 特高压直流输电技术及其应用研究[D]. 北京：华北电力大学，2006.

[2] 邹军，程启问，乔骥，等. 高压直流输电线路离子流场计算研究综述[J]. 南方电网技术，2020，14（6）：1-10.

[3] 宿志一，范建斌. 复合绝缘子用于高压及特高压直流输电线路的可靠性研究[J]. 电网技术，2006，30（12）：16-23.

[4] 黄国栋. 高压直流绝缘介质空间电荷运动分布仿真研究[D]. 武汉：武汉大学，2014.

[5] 吕晓德，陈世坤，方治强，等. 换流变压器端部极性反转电场的数值算法及其绝缘设计[J]. 西安交通大学学报，1997，31（11）：8-12.

[6] MA X Q，XIE L，HE K，et al. Research on 3D total electric field of crossing high voltage direct current transmission lines based on upstream finite element method[J]. High Voltage，2020，6（4）：160-170.

[7] HARA M，HAYASHI N，SHIOTSUKI K，et al. Influence of wind and conductor potential on distributions of electric field and ion current density at ground level in DC high voltage line to plane geometry[J]. IEEE Transactions on Power Apparatus and Systems，1982，PAS-101（4）：803-814.

[8] ANZIVINO L D，GELA G，GUIDI W W，et al. HVDC transmission line reference book[M]. Palt Alto：Electric Power Research Institute，1993.

[9] JOHNSON G B. Degree of corona saturation for HVDC transmission lines[J]. IEEE Transactions on Power Delivery，1990，5（2）：695-707.

[10]　文川，严璋，伍贤斌. 高压直流输电试验线路的电晕起始电压及地面离子流的测量与分析[J]. 高电压技术，1985（3）：24-28.

[11]　张美蓉，蒋国雄. ±500 kV 直流输电线下地面离子流场的模拟研究[J]. 高电压技术，1988，14（1）：12-18.

[12]　张杰. 海拔高度对直流离子流场影响的研究[J]. 高电压技术，1990（4）：64-68.

[13]　张建功，张广洲，张小武，等. 高海拔直流输电线路电场模拟试验与计算[J]. 高电压技术，2009，35（8）：1970-1974.

[14]　郑正圻，成萝兰，陈维克. 海拔高度对直流输电线路电晕电流地面离子流密度及地面场强影响的研究[J]. 高电压技术，1991，17（2）：26-31.

[15]　侯远航，邬雄，万保权，等. ±500 kV 直流线路极导线垂直排列的合成场强[J]. 高电压技术，2005，31（5）：37-38.

[16]　甄永赞，崔翔，罗兆楠，等. 直流输电线下存在建筑物时合成电场计算的有限元方法[J]. 中国电机工程学报，2011，31（9）：120-125.

[17]　TOWNSEND J S. The potentials required to maintain currents between coaxial cylinders[J]. Philosophical Magazine and Journal of Science，1914，28（6）：83-90.

[18]　ABDEL-SALAM M，ABDEL-AZIZ E Z. On the calculation of electric field and potential at singularity points in ionized field problems[C]. Conference Record of the 1992 IEEE Industry Applications Society Annual Meeting，1992：1627-1631.

[19]　JANISCHEWSKYJ W，GELA G. Finite element solution for electric fields of coronating DC transmission lines[J]. IEEE Transactions on Power Apparatus and Systems，1979，PAS-98（3）：1000-1012.

[20]　秦柏林，盛剑霓，严璋. 高压直流输变电系统下的三维离子流场计算[J]. 中国电机工程学报，1989，9（2）：27-33.

[21]　DEUTSCH W. Über die dichteverteilung unipolarer ionenströme[J]. Annalen der Physik，1933，5（16）：568-612.

[22]　SARMA M P，JANISCHEWSKYJ W. Analysis of corona losses on DC transmission lines，part II: Bipolar lines[J]. IEEE Transactions on Power Apparatus and Systems，1969，PAS-88（10）：1476-1491.

[23]　SARMA M P，JANISCHEWSKYJ W. Analysis of corona losses on DC transmission lines，part I: Unipolar lines[J]. IEEE Transactions on Power Apparatus and Systems，1969，PAS-88（5）：718-731.

[24]　SARMA M P，JANISCHEWSKYJ W. Corona loss characteristics of practical HVDC transmission

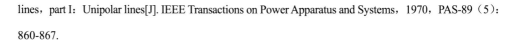

lines，part I：Unipolar lines[J]. IEEE Transactions on Power Apparatus and Systems，1970，PAS-89（5）：860-867.

[25] MARUVADA P S. Corona-generated space charge environment in the vicinity of HVDC transmission lines[J]. IEEE Transactions on Electrical Insulation，1982，17（2）：125-130.

[26] 傅宾兰. 高压直流输电线路地面合成场强与离子流密度的计算[J]. 中国电机工程学报，1987，7（5）：56-63.

[27] 田冀焕，邹军，刘杰，等. 高压直流双回输电线路合成电场与离子流的计算[J]. 电网技术，2008，32（2）：61-70.

[28] 杨勇，陆家榆，雷银照. 同走廊双回直流线路地面合成电场计算[J]. 电网技术，2009，33（19）：181-185.

[29] 杨勇，鞠勇，陆家榆，等. 极导线垂直和水平排列±500 kV 直流输电线路的电磁环境比较分析[J]. 电网技术，2008，32（6）：71-75.

[30] 杨勇，陆家榆，雷银照. 极导线垂直排列直流线路地面合成电场的一种计算方法[J]. 中国电机工程学报，2007，27（21）：13-18.

[31] 杨勇，陆家榆，雷银照. 同塔双回高压直流线路地面合成电场的计算方法[J]. 中国电机工程学报，2008，28（6）：32-36.

[32] 杨洁. 并行的高压交直流输电线路合成电场的计算研究[D]. 保定：华北电力大学，2008：24-26.

[33] 罗兆楠. 直流输电线路邻近建筑物时合成电场计算方法及其应用研究[D]. 北京：华北电力大学，2011.

[34] 罗兆楠，崔翔，甄永赞，等. 直流线路邻近建筑物时合成电场的计算方法[J]. 中国电机工程学报，2010，30（15）：125-130.

[35] 卢铁兵，冯晗，崔翔. 基于上流有限元法对高压直流输电线路下合成电场的研究[J]. 电网技术，2008，32（2）：13-16，25.

[36] MARUVADA P S. Electric field and ion current environment of HVDC transmission lines：Comparison of calculations and measurements[J]. IEEE Transactions on Power Delivery，2012，27（1）：401-410.

[37] LI W，ZHANG B，ZENG R，et al. Discussion on the deutsch assumption in the calculation of ion-flow field under HVDC bipolar transmission lines[J]. IEEE Transactions on Power Delivery，2010，25（4）：2759-2767.

[38] AL-HAMOUZ Z M. A hybrid computational technique for the estimation of corona power loss associated with bundled transmission lines[J]. Electric Power Systems Research，1999，50（1）：65-70.

[39] AL-HAMOUZ Z M. Corona power loss，electric field，and current density profiles in bundled horizontal

and vertical bipolar conductors[J]. IEEE Transactions on Industry Applications，2002，38（5）：1182-1189.

[40] Al-Hamouz Z. Finite element computation of corona around monopolar transmission lines[J]. Electric Power Systems Research，1998，48（1）：57-63.

[41] ABDEL-SALAM M，AL-HAMOUZ Z，MUFTI A. Open-boundary finite-element analysis of ionized field around monopolar transmission lines[J]. Journal of Electrostatics，1997，39（2）：129-144.

[42] 张宇，阮江军. HVDC 输电线路离子流场数值计算方法研究[J]. 高电压技术，2006，32（9）：140-142.

[43] 张宇，魏远航，阮江军. 高压直流单极离子流场的有限元迭代计算[J]. 中国电机工程学报，2006，26（23）：158-162.

[44] 余世峰，阮江军，张宇，等. 直流离子流场的有限元迭代计算[J]. 高电压技术，2009，35（4）：894-899.

[45] TAKUMA T，IKEDA T，KAWAMOTO T. Calculation of ion flow fields of HVDC transmission lines by the finite element method[J]. IEEE Transactions on Power Apparatus and Systems，1981，PAS-100（12）：4802-4810.

[46] BROOKS A N，HUGHES T J R. Streamline upwind/Petrov-Galerkin formulations for convection dominated flows with particular emphasis on the incompressible Navier-Stokes equations[J]. Computer Methods in Applied Mechanics and Engineering，1982，32（1-3）：199-259.

[47] TAKUMA T，KAWAMOTO T. A very stable calculation method for ion flow field of HVDC transmission lines[J]. IEEE Transactions on Power Delivery，1987，2（1）：189-198.

[48] LU T B，FENG H，ZHAO Z B，et al. Analysis of the electric field and ion current density under ultra high-voltage direct-current transmission lines based on finite element method[J]. IEEE Transactions on Magnetics，2007，43（4）：1221-1224.

[49] LU T B，FENG H，CUI X，et al. Analysis of the ionized field under HVDC transmission lines in the presence of wind based on upstream finite element method[J]. IEEE Transactions on Magnetics，2010，46（8）：2939-2942.

[50] 卢铁兵，冯晗，崔翔. 基于上流有限元法对高压直流输电线路下合成电场的研究[J]. 电网技术，2008，32（2）：13-16.

[51] 甄永赞，崔翔，卢铁兵，等. 高压直流输电线下合成电场的有限元快速算法[J]. 中国电机工程学报，2011，31（18）：113-118.

[52] 甄永赞，崔翔，罗兆楠，等. 直流输电线下存在建筑物时合成电场计算的有限元方法[J]. 中国电机工程学报，2011，31（9）：120-125.

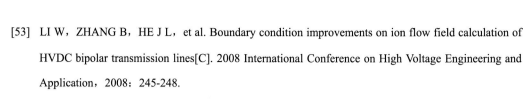

[53] LI W，ZHANG B，HE J L，et al. Boundary condition improvements on ion flow field calculation of HVDC bipolar transmission lines[C]. 2008 International Conference on High Voltage Engineering and Application，2008：245-248.

[54] LI W，ZHANG B，HE J L，et al. Ion flow field calculation of multi-circuit DC transmission lines[C]. 2008 International Conference on High Voltage Engineering and Application，2008：16-19.

[55] LI W，ZHANG B，HE J L，et al. Research on calculation method of ion flow field under multi-circuit HVDC transmission lines[C]. Proceedings of the 20th International Zurich Symposium on Electromagnetic Compatibility，2009：133-136.

[56] 李伟，张波，何金良，等. 多回直流输电线路的离子流场计算[J]. 高电压技术，2008，34（12）：2719-2725.

[57] LI W，ZHANG B，HE J L，et al. Calculation of the ion flow field of AC-DC hybrid transmission lines[J]. IET Generation Transmission & Distribution，2009，3（10）：911-918.

[58] LI X. Numerical analysis of ionized fields associated with HVDC transmission lines including effect of wind[D]. Winnipeg：University of Manitoba，1997.

[59] LI X，CIRIC I R，RAGHUVEER M R. A new method for solving ionized fields of unipolar HVDC lines including effect of wind，Part I：FEM formulation[J]. International Journal of Numerical Modelling Electronic Networks Devices and Fields，1997，10（1）：47-56.

[60] 崔翔，周象贤，卢铁兵. 高压直流输电线路离子流场计算方法研究进展[J]. 中国电机工程学报，2012，32（36）：130-141.

[61] 周象贤，卢铁兵，崔翔，等. 基于有限元与有限体积法的直流输电线路合成电场计算方法[J]. 中国电机工程学报，2011，31（15）：127-133.

[62] 罗兆楠，崔翔，甄永赞，等. 直流输电线路三维离子流场的计算方法[J]. 中国电机工程学报，2010，30（27）：102-107.

[63] 甄永赞，崔翔，罗兆楠，等. 直流输电线路三维合成电场计算的有限元方法[J]. 电工技术学报，2011，26（4）：153-160.

[64] 甄永赞. 高压直流输电线路离子流场的高效数值方法及其应用的研究[D]. 北京：华北电力大学，2012：63-87.

[65] 黄国栋，阮江军，杜志叶，等. 改进三维上流有限元法计算特高压直流线路离子流场[J]. 中国电机工程学报，2013，33（33）：152-159.

[66] 邵方殷. 输电线路电效应和生态效应[M]. 北京：中国电力科学研究院，1987.

[67] SARMA M P. Bipolar HVDC transmission system study between ±600 kV and ±1 200 kV：Corona

studies，Phase I[R]. Palo Alto：Electric Power Research Institute，1979.

[68]　CHARTIER V L，STEARNS R D，BURNS A L. Electrical environment of the uprated pacific NW/SW intertie[J]. IEEE Transactions on Power Apparatus and Systems，1989，4（2）：1305-1318.

[69]　CIGRE. HVDC converter stations for voltage above ±600 kV[R]. Paris：CIGRE，2002.

[70]　中华人民共和国国家发展和改革委员会. 高压直流架空送电线路技术导则：DL/T 436—2005[S]. 北京：中国电力出版社，2005.

[71]　中华人民共和国住房和城乡建设部，中华人民共和国国家质量监督检验检疫总局. ±800 kV 直流架空输电线路设计规范：GB 50790—2013[S]. 北京：中国计划出版社，2013.

[72]　何为，肖冬萍，杨帆. 超特高压环境电磁场测量、计算和生态效应[M]. 北京：科学出版社，2013.

[73]　吴桂芳，陆家榆，邵方殷. 特高压等级输电的电磁环境研究[J]. 中国电力，2005，38（6）：24-27.

[74]　吴桂芳. 我国±500 kV 直流输电工程的电磁环境问题[J]. 电网技术，2005，29（11）：5-8.

[75]　余世峰. 高压直流输电线路离子流场有限元迭代计算[D]. 武汉：武汉大学，2009.

[76]　赵畹君. 高压直流输电工程技术[M]. 北京：中国电力出版社，2004.

[77]　CISPR. Publication 18-3，Amendent 1，Radio interference characteristics of overhead power lines and high-voltage equipment，part 3：Code of practice for minimizing the generation of radio noise[S]. Geneve：CEI，1996.

[78]　中华人民共和国国家经济贸易委员会. 高压架空送电线路无线电干扰计算方法：DL/T691—1999[S]. 北京：中国电力出版社，1999.

[79]　李凌燕. ±800 kV/±500 kV 混压双回直流输电线路电磁环境计算及工程设计研究[D]. 武汉：武汉大学，2016.

[80]　周恺. 特高压直流输电线路电磁环境的计算研究[D]. 武汉：华中科技大学，2007：63-65.

[81]　唐剑，刘云鹏，邬雄，等. 基于电晕笼的海拔高度对无线电干扰的影响[J]. 高电压技术，2009，35（3）：601-606.

[82]　王罡. 大型换流变压器阀侧电场特性的研究[D]. 沈阳：沈阳工业大学，2008：42-52.

[83]　张杰. 换流变压器内部电场分析及油纸绝缘试验系统设计[D]. 哈尔滨：哈尔滨理工大学，2008：1-2.

[84]　周远翔，孙清华，李光范，等. 空间电荷对油纸绝缘击穿和沿面闪络的影响[J]. 电工技术学报，2011，26（2）：27-33.

[85]　刘刚，李琳，李文平，等. 换流变压器极性反转非线性电场分析[J]. 高电压技术，2012，38（2）：451-456.

[86] 陈曦，王霞，吴锴，等. 聚乙烯绝缘中温度梯度效应对直流电场的畸变特性[J]. 西安交通大学学报，2010，44（4）：62-65.

[87] 周远翔，田冀焕，王云杉，等. 变压器油纸绝缘系统中的空间电荷现象[J]. 高电压技术，2011，37（3）：520-527.

[88] MORSHUIS P H F，JEROENSE M. Space charge in HVDC cable insulation[C]. 1997 IEEE Conference on Electrical Insulation and Dielectric Phenomena，1997：28-31.

[89] LIU R S，JAKSTS A，TOMKVIST C. Moisture and space charge in oil-impregnated pressboard under HVDC[C]. Proceedings of the 1998 IEEE 6th International Conference on Conduction and Breakdown in Solid Dielectrics，1998：17-22.

[90] 廖瑞金，李伟，杨丽君，等. 不同热老化程度油纸绝缘介质在直流电场中的空间电荷特性[J]. 高电压技术，2011，37（9）：2197-2204.

[91] 周远翔，黄猛，陈维江，等. 直流电场下油纸绝缘介质界面处的空间电荷特性[J]. 高电压技术，2011，37（10）：2417-2423.

[92] ZHOU Y X，HUANG M，SUN Q H，et al. Space charge characteristics in two-layer oil-paper insulation[J]. Journal of Electrostatics，2013，71（3）：413-417.

[93] 陈曦，王霞，吴锴，等. 电压反转极性对温度梯度场下聚乙烯内空间电荷的影响[J]. 西安交通大学学报，2011，45（10）：54-58.

[94] 吴锴，朱庆东，王浩森，等. 温度梯度下双层油纸绝缘系统的空间电荷分布特性[J]. 高电压技术，2012，38（9）：2366-2372.

[95] ALISON J M，HILL R M. A model for bipolar charge transport，trapping and recombination in degassed crosslinked polyethene[J]. Journal of Physics D：Applied Physics，1999，27（6）：1291-1299.

[96] SEVERINE L R，SEGUR P，TEYSSEDRE G，et al. Description of bipolar charge transport in polyethylene using a fluid model with a constant mobility：Model prediction[J]. Journal of Physics D：Applied Physics，2003，37（2）：298-305.

第 2 章

离子流场的理论分析

2.1　离子流场问题的描述

空气中带电导体表面电场会对空气分子极化，随着电场强度的逐渐增大，气体分子发生电离。当电场强度超过电晕起始电场强度时，会出现电晕现象。当架空输电线路导

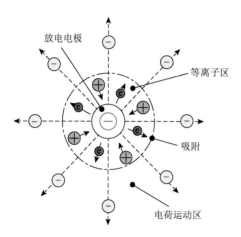

图 2-1　导线周围空气电离层

线发生电晕时，周围空气分子电离所形成的电离层如图 2-1 所示。这里以负极性导线电离过程为例，电离层内部空气电离生成的正、负离子在电场力的作用下，正极性离子运动至电极导线为电晕电流形成通路；负极性离子，包括负离子和电子，在电场力的驱动下远离电极离开电离层向空间运动，或运动至异极性极导线，或运动至大地，最终达到稳态[1, 2]。双极直流输电线路周围稳定存在的空间电荷分布示意图如图 2-2所示，它简要描绘了电场线的分布（即空间电荷大致的运动轨迹）。直流输电线路离子流场问题的求解关键是对空间电荷分布的求解[3, 4]。

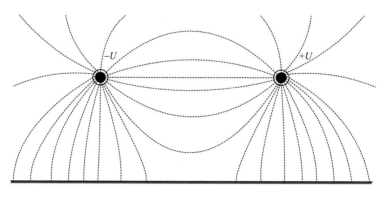

图 2-2　双极直流输电线路电场线示意图

2.2　离子流场问题的求解条件

由于高压直流线路离子流场模型不能解析求解，需要在能满足实际工程精度要求的前提下设定假设条件，简化模型。通常采用的假设条件如下[5, 6]。

（1）电离导体周围电离层的厚度忽略不计。

（2）空间电荷仅影响电场强度的大小，而不影响其方向，即 Deutsch 假设。

（3）对于高于电晕电压的外加电压，导体表面的电场强度与外加电压无关，保持在电晕起始电压的水平，即 Kaptzov 假设。

（4）离子的迁移率与电场强度无关，视为常数。

（5）风速视为常数，方向垂直于导线，离子流场视为二维稳态场。

（6）离子的扩散忽略不计。空间电荷的扩散在直流输电线路的离子流场中同样存在，然而与电荷在电场力作用下所做的定向运动相比，其影响小得多。因此，计算中忽略此因素不会对计算结果带来较明显的误差。

（7）流动的空气不可压缩，即 $\nabla \cdot W = 0$（W 为风速，m/s）。

（8）导线为无限长直导线，高度用平均高度代替。此假设的引入，可将离子流场问题简化为二维问题。

（9）导线表面各点的空间电荷密度沿导线外边界近似恒定，即认为环境条件一定的情况下，电荷密度的大小不随时间变化，且导线表面电荷密度均匀分布。

本书后续章节的计算模型所采用的假设包括（1）、（4）、（6）、（7）、（8）和（9）。

1. Deutsch 假设

引入 Deutsch 假设的目的是简化方程，在单极输电线下（不考虑风），它的适用性表明，对于实际的线路设计，计算所得的地面电场强度和离子流是相当准确的。然而，有学者通过有限差分法，发现引入 Deutsch 假设可以导致电晕电流 40%的误差、地面电场强度 10%的误差和地面电流密度 40%的误差。

2. Kaptzov 假设

直流线路极间区离子空间电荷的存在，对电晕起着一种抑制作用。提高电压会导致导线附近电场强度增大、电晕加剧，同时使极间区也有了更多的空间电荷，这些与导线极性相同的空间电荷使导线附近电场强度减弱。实际上，在放电稳定的状态下，离子空间电荷与导线上的电荷总是建立起平衡条件，使导线附近的电场强度限制在为维持一定强度的电离所需的最小值，不管导线上所加电压有多高，其表面附近几乎总是保持着接近电晕起始电场强度。

Kaptzov 假设的引入，避免了计算电晕放电的复杂过程，简化了计算用的边界条件。但对于导线表面电场强度，通过比较发现，利用经验公式能够得到较接近实际测量数据的计算结果。该公式描述为

$$E_c = E_0[1.1339 - 0.1678(U/U_0) + 0.03(U/U_0)^2] \tag{2-1}$$

式中：E_0 为电晕起始电场强度；U_0 为电晕起始电压。

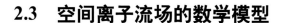

2.3 空间离子流场的数学模型

2.3.1 空间离子流场的漂移-扩散方程

漂移-扩散方程常用于表达半导体中载流子的运动规律，主要描述扩散电流和漂移电流所遵循的物理规律。Poisson 方程和漂移-扩散方程可以用来计算介质中的电势分布和载流子浓度分布。由于直流输电导线-空气-大地模型中不存在传导电流，直流输电线路离子流场中空间电荷运动的数学模型可以被电荷的漂移-扩散方程表达。电流连续性方程可以表示为

$$\frac{\partial \rho^{+(-)}}{\partial t} = \mp \nabla \cdot \boldsymbol{j}^{+(-)} - R \tag{2-2}$$

$$\boldsymbol{j}^{+(-)} = \mp D^{+(-)} \nabla \rho^{+(-)} + \rho^{+(-)} k^{+(-)} \boldsymbol{E} \tag{2-3}$$

式中：ρ^+、ρ^- 分别为正、负电荷密度，C/m³；$\boldsymbol{j}^+$、$\boldsymbol{j}^-$ 分别为正、负离子流密度矢量，A/m²；e 为基本电荷，$e = 1.6 \times 10^{-19}$ C；R 为离子复合项；D 为扩散系数；k^+、k^- 分别为正、负离子迁移率，m²/(V·s)；$\boldsymbol{E}$ 为电场强度矢量，V/m。

扩散系数 D 与迁移率 k 的关系可以表示为

$$D^{+(-)} = \frac{k^{+(-)} k_{\mathrm{B}} T}{e} \tag{2-4}$$

式中：e 为基本电荷，$e = 1.6 \times 10^{-19}$ C；k_{B} 为 Boltzmann 常量；T 为热力学温度，K。

2.3.2 直流离子流场的控制方程

基于直流输电线路离子流场的物理特性，建立适定的数学模型，通过计算分析可以获得符合工程精度要求的结果。高压直流离子流场问题是定边界条件下的边值问题[6-8]。对比式（2-2）、式（2-3）和式（2-4）的漂移-扩散方程，不考虑扩散影响的高压直流离子流场稳态控制方程为

$$\nabla^2 \varphi = -(\rho^+ - \rho^-) / \varepsilon_0 \tag{2-5}$$

$$\boldsymbol{j}^{+(-)} = \rho^{+(-)} (k^{+(-)} \boldsymbol{E} \pm \boldsymbol{W}) \tag{2-6}$$

$$\nabla \cdot \boldsymbol{j}^{+(-)} = \mp (R_{\mathrm{ion}}/e) \rho^+ \rho^- \tag{2-7}$$

$$\boldsymbol{E} = -\nabla \varphi \tag{2-8}$$

式中：φ 为电位，V；ε_0 为空气的介电常数，$\varepsilon_0 = 8.85 \times 10^{-12}$ F/m；k^+、k^- 可以认为是离子在电场下的运动速度，即离子运动速度与电场强度之比，考虑到近似条件，可取为常数；R_{ion} 为离子复合系数；$\boldsymbol{W}$ 为风速，m/s。对于单极导线，不存在空间正、负离子的复合。不考虑环境风速时，其控制方程可以简化为

$$\begin{cases} -\nabla \cdot (\nabla \varphi) = \rho / \varepsilon_0 \\ \nabla \cdot (\rho \nabla \varphi) = 0 \end{cases} \tag{2-9}$$

对于方程组（2-9）的求解，传统方法多采用以 ρ 为变量求解电流连续性方程。通常称通过 Poisson 方程求解电位的过程为正过程，而通过电流连续性方程求解电荷密度的方程为逆过程，每个迭代步都进行正、逆两个过程，直至收敛。

但实际计算中发现，方程组（2-9）的边界条件难以确定，其中一阶导数的出现使得数值解可能出现伪振荡。因此，将电荷密度 ρ 作为材料参数，两个方程均以电位 φ 为求解变量，在一定边界条件下，均可以采用常规 Galerkin 有限元方法进行求解。

采用的边界条件为：对于高压直流线路，带电导体（如输电线路导体）表面边界为 Dirichlet 边界，其电位已知，为运行电压；在发生电晕的导体表面，电位梯度已知，为导体表面的电场强度；参考导体（如大地）的电位为零。

2.3.3　解的唯一性

定解问题是研究控制方程、寻求获得场的唯一解的定解条件的理论问题。文献[9]证明了单极直流离子流场存在唯一解，然而其构造的方程仅适用于单极离子流场。对于单极直流线路，根据方程组（2-9）可得

$$\nabla \cdot (\nabla^2 \varphi \nabla \varphi) = 0 \tag{2-10}$$

对于双极直流输电线路离子流场的情况，不能直接得到形如式（2-10）的三阶偏微分控制方程，本小节通过构造等效迁移率函数，将双极直流离子流场问题化为形如式（2-10）的控制方程。设 $\boldsymbol{j} = \boldsymbol{j}^+ + \boldsymbol{j}^-$，则有

$$\nabla \cdot \boldsymbol{j} = 0 \tag{2-11}$$

将式（2-6）代入式（2-11）可得

$$\nabla \cdot [(k^+ \rho^+ + k^- \rho^-) \nabla \varphi] = 0 \tag{2-12}$$

令 $k = (k^+ \rho^+ + k^- \rho^-)/(\rho^+ - \rho^-)$ 为等效迁移率，其分布规律遵循放电理论和气体动力学原理，并引入 Poisson 方程，则式（2-12）可化为

$$\nabla \cdot (k \nabla^2 \varphi \nabla \varphi) = 0 \tag{2-13}$$

由式（2-10）和式（2-13）可以看出，证明离子流场存在唯一解实际是证明三阶偏微分方程有唯一解。原控制方程组清晰地描述了离子流场的物理特性，而式（2-6）仅为式（2-12）的一组特解，因此证明解的唯一性，也是证明合并后的方程组与原控制方程组的等效性。

双极时设存在两个导体面 S_1 和 S_2，地面边界 S_g 和外自由边界面 S_0，导体面和边界面上电位已知，导线表面电位梯度也已知，如图 2-3 所示。设存在不同的两个电位函数 φ_1 和 φ_2 同时满足式（2-13），构造函数 $g = \varphi_1 - \varphi_2$，则 g 也满足

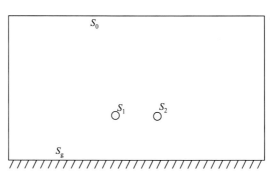

图 2-3　求解场域示意图

$$\nabla \cdot (k\nabla^2 g \nabla g) = 0 \tag{2-14}$$

需要证明在场域内，g 处处为 0。由 Green 公式有

$$\int_V (\Phi\nabla^2\Psi + \nabla\Phi \cdot \nabla\Psi)\mathrm{d}V = \oint_S \Phi\nabla\Psi \cdot \mathrm{d}S \tag{2-15}$$

式中：Φ 和 Ψ 为标量函数；V 为边界 S 所包围的体积；$\mathrm{d}S$ 的方向为外边界的法线方向。令 $\Phi = g$，$\nabla\Psi = k\nabla^2 g \nabla g$，则式（2-15）可以化为

$$\int_V [g\nabla \cdot (k\nabla^2 g \nabla g) + \nabla g \cdot (k\nabla^2 g \nabla g)]\mathrm{d}V$$

$$= \oint_S gk\nabla^2 g \nabla g \cdot \mathrm{d}S \tag{2-16}$$

$$= \int_{S_0} gk\nabla^2 g \nabla g \cdot \mathrm{d}S + \int_{S_1} gk\nabla^2 g \nabla g \cdot \mathrm{d}S + \int_{S_2} gk\nabla^2 g \nabla g \cdot \mathrm{d}S + \int_{S_g} gk\nabla^2 g \nabla g \cdot \mathrm{d}S$$

边界 S 由导体表面 S_1、S_2 和外自由边界 S_0 和地面边界 S_g 组成。

外自由边界上，场量可以认为衰减为无穷小，则积分为 0；地面边界上，电位为 0，则积分结果也为 0。因此，式（2-16）右端项可化为

$$\int_{S_1} gk\nabla^2 g \nabla g \cdot \mathrm{d}S + \int_{S_2} gk\nabla^2 g \nabla g \cdot \mathrm{d}S \tag{2-17}$$

在导体表面，电位、电位梯度和电荷密度三者之中至少有一项已知，因此，在这些表面上，式（2-17）积分为 0，即式（2-16）右端项为 0。将式（2-13）代入式（2-16）左端可得

$$\int_V k\nabla^2 g \cdot (\nabla g)^2 \mathrm{d}V = 0 \tag{2-18}$$

由于 $\nabla^2 g$ 仅仅与空间电荷密度有关，即与 $\rho^+ - \rho^-$ 有关，而 k 也与 $\rho^+ - \rho^-$ 符号相同，在整个场域内，积分 $k\nabla^2 g$ 具有保号性，即在整个积分域内符号不发生变化。而 $\nabla^2 g$ 恒不小于 0，因此 $\nabla^2 g = 0$，即 $g = \varphi_1 - \varphi_2$ 为常数。而边界上 $g = 0$，于是全域内，均有 $g = 0$，即 $\varphi_1 = \varphi_2$，偏微分方程（2-13）有唯一解。同时，式（2-6）与式（2-12）等效。

本章参考文献

[1]　张杰. 海拔高度对直流离子流场影响的研究[J]. 高电压技术，1990（4）：62-66.

[2]　郑正圻，成萝兰，陈维克. 海拔高度对直流输电线路电晕电流地面离子流密度及地面场强影响的研究[J]. 高电压技术，1991（2）：26-31.

[3]　周浩. 一种计算不同气象条件下双极 HVDC 线路离子流场的方法[J]. 高电压技术，1991（2）：19-23.

[4]　张美蓉，蒋国雄. ±500 kV 直流输电线下地面离子流场的模拟研究[J]. 高电压技术，1988（1）：12-18.

[5]　黄国栋，阮江军，杜志叶，等. 直流输电线路下方建筑物附近离子流场的计算[J]. 中国电机工程学报，2012，32（4）：193-198.

[6]　余世峰. 高压直流输电线路离子流场有限元迭代计算[D]. 武汉：武汉大学，2009.

[7]　文川，严璋，伍贤斌. 高压直流输电试验线路的电晕起始电压及地面离子流的测量与分析[J]. 高电压技术，1985（3）：24-28.

[8]　李福寿，韩振东，王嘉毅，等. 直流场强仪及用其测量离子流电场[J]. 高电压技术，1989（2）：14-19.

[9]　盛剑霓，严璋，秦柏林. 直流离子流场解的唯一性[J]. 电工技术学报，1987（1）：1-5.

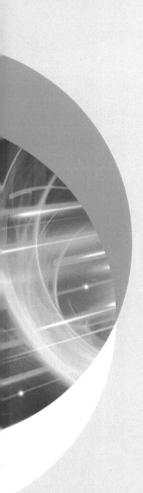

第 3 章

电晕的机理和预测

3.1　电晕的机理

电晕放电是高压局部放电现象的一种。局部放电是指，在强电场作用下，只有部分区域在绝缘系统中发生放电且没有形成放电通道贯穿的一种放电形式。局部放电产生的主要原因是电场强度在绝缘体各区域分布不均匀，或者电场内存在不同绝缘材料，绝缘材料的介电常数不同，导致电场强度在某些区域达到击穿电场强度而发生放电，而其他区域仍然保持绝缘的特性。

从局部放电发生的过程、位置和现象来看，局部放电可以分为三种类型，即绝缘体内部放电、绝缘体表面放电和绝缘体电晕放电。液体绝缘内部存在气泡或固体绝缘体内部存在气隙，因气泡或气隙的介电常数与绝缘体介电常数不一致导致的局部放电称为绝缘体内部放电。绝缘体表面放电的主要原因在于，绝缘体高电压端存在比较低的沿面放电电场强度，就会产生局部表面放电（爬电）。绝缘体电晕放电是指极不均匀电场中所特有的电子崩-流注形式的稳定放电。电晕即是当导体表面的电场强度超过空气的电气强度时导体表面的空气游离。在曲率很小的尖端电极附近，局部电场强度超过气体的电离电场强度，使气体发生电离和激励，从而出现电晕放电。电晕放电发生时在高电场强度区（曲率半径较小的电极表面附近）会出现蓝紫色的晕光，并伴有嗞嗞声。电晕放电是一种自持放电，可以是相对稳定的放电形式，也可以是不均匀电场间隙击穿过程中的早期表现形式。

高压直流电气设备合成电场的计算首先要考虑空间电荷的产生和迁移特性，直流电气设备周围空间电荷主要是由金具电晕产生的，因此电晕起始电场强度的准确确定对计算结果有着关键的影响。电晕起始电场强度计算的物理模型主要基于流注放电理论和光电离模型。正极性直流电压作用下流注起始过程如图 3-1 所示。根据流注理论，初始电子崩起始于 $z=z_i$，在该处为电离层边界，即碰撞电离常数 α 等于电子附着系数 η。

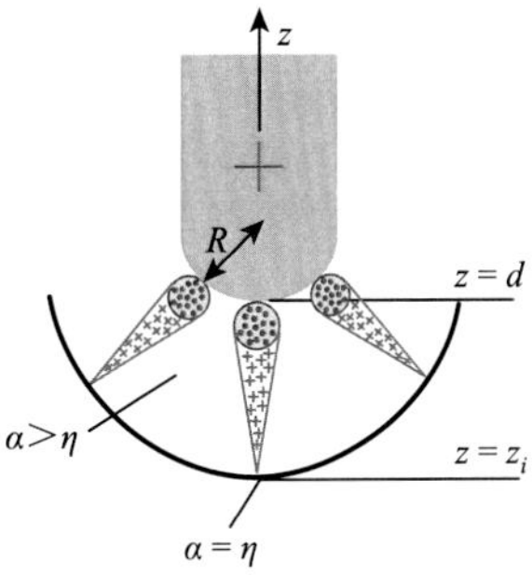

图 3-1　正极性直流电压
作用下流注起始过程

基于流注起始的自持放电模型的核心思想是：只有当初始电子崩头部电荷达到一定数量（临界值），使电场畸变达到一定程度并造成足够的空间光电离后，方能转入流注。因此，当电子崩头部的电荷满足下式时流注起始：

$$\exp \int_{z=z_i}^{z=d} (\alpha - \eta) \mathrm{d}z \geqslant N_{\mathrm{crit}} \qquad （3-1）$$

式中：d 为间隙距离；α 为碰撞电离常数；η 为电子附着系数；N_{crit} 为形成流注所需要的临界电荷数。Nasser[1]给出了另一种流注起始判据，若由空间光电离作用产生的二次电子崩包含的正离子总数 N_2 不低于初始电子崩包含的正离子总数 N_1，则流注起始，称为 Nasser 判据。

国内外学者使用临界电荷判据计算电晕起始电场强度时发现，N_{crit} 的值需要根据电极结构和尺寸进行修正才能与实验值一致。Nasser 等发现：棒电极头部半径为 0.5～1.5 cm 时，N_{crit} 宜取 2×10^4；当半径为 0.05 cm 时，N_{crit} 宜取 5×10^5。Yamazaki 等[2]发现，对于半径为 0.05～2 cm 的同轴光滑导线结构，N_{crit} 宜取 3 500。Lowke 等发现，当棒-板电极和导线结构半径为 0.01～20 cm 时，N_{crit} 宜取 $10^{4[3]}$。因此，关于该临界值的取值，目前尚无一致的结论，须根据应用环境修正。

光电离模型认为，光电效应是电晕起始的决定性因素。正、负极性直流电晕起始的光电离机制有所不同，以正极性棒-板间隙为例，电晕过程如图 3-2 所示。

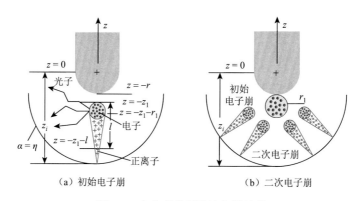

（a）初始电子崩　　　　　　（b）二次电子崩

图 3-2　光电离模型流注起始过程

在棒-板间隙的电离层内，自由电子在向棒电极运动的过程中与空气分子发生碰撞电离，产生初始电子崩，在 $z = -z_1$ 处的电子数为

$$N_1 = \exp \int_{-z_i}^{-z_1} (\alpha - \eta) \mathrm{d}z \tag{3-2}$$

同时辐射光子。假设初始碰撞电离辐射的光子数为 f_1，则电子崩头部辐射的总光子数为 $f_1 N_1$。

采用数值积分的思想，对 $z = -z_i$ 至 $z = -z_1 - r_1$ 的区域进行分割，每层的厚度为 $\mathrm{d}l$。在 $z = -z_1 - l$ 处，该层吸收的光子数为 $f_1 N_1 \mathrm{e}^{-\mu l} g(l)$（$\mu$ 为光子吸收系数；$g(l)$ 为几何因素，用于考虑部分光子未被吸收而在电极中消失）。部分光子被空气分子吸收后产生光电离，假设空气分子吸收光子后发生光电离的概率为 f_2，则该层吸收的光子由于光电离产生的光电子总数为 $\mu f_1 f_2 N_1 \mathrm{e}^{-\mu l} g(l) \mathrm{d}l$，形成二次电子崩。忽略电子崩中的负离子，对各层产生的正离子数进行积分求和，即可得到二次电子崩中的正离子总数为

$$N_2 = \int_{-z_i}^{-(z_1 + r_1)} \mu f_1 f_2 N_1 \mathrm{e}^{-\mu l} g(l) \exp \left[\int_{-(z_1 + l)}^{-(z_1 + r_1)} (\alpha - \eta) \mathrm{d}z \right] \mathrm{d}l \tag{3-3}$$

根据 Nasser 判据，电晕能够自持的条件即二次电子崩中的正离子总数不小于初始电

子崩中的正离子总数。由于主电子崩产生的光子绝大部分是在电子崩增长的最后几步发射出的，$|z_1| \approx R$，对 Nasser 判据进行变换可得棒–板间隙的正直流起晕判据为

$$\int_{-z_i}^{-(R+r_1)} \mu f_1 f_2 e^{-\mu l} g(l) \exp\left[\int_{-(R+l)}^{-(R+r_1)} (\alpha - \eta) dz\right] dl \geqslant 1 \qquad (3\text{-}4)$$

式（3-4）中，等号成立时对应的电压为棒–板间隙正极性电晕起始电压。

自光电离模型提出以来，国内外学者在导线、分裂导线和棒–板电极等结构的直流电晕起始物理模型方面开展了大量的研究工作，并通过电晕实验对模型进行了验证，还重点研究了温度、湿度、气压、污秽和覆冰等大气环境参数对正、负极电晕特性的影响，可以计算典型分裂导线和钢心铝绞线的电晕起始电场强度和电晕起始电压[4]。然而，光电离模型也是基于许多简化假设条件提出的，对于模型中的一些物理参数的取值并未得到统一，多以吻合实验值为准，模型中的电子碰撞系数、吸附系数和面积因子有多种表达形式。

3.2　直流线路电晕问题

对于圆柱形金属导体表面电晕起始电场强度数值，通常采用 Peek 公式计算。直流输电线路金具种类多样，其中包括各种规格的均压环和屏蔽球。由于针对均压环和屏蔽球的电晕实验数据有限，较大尺寸的均压金具电晕起始电场强度无法准确确定，含有空气、绝缘介质和导体材料的复杂结构模型的合成电场计算方法研究较少，现有特高压直流电气设备外绝缘设计通常采用标称电场进行计算和校核，给予适当的裕度，对设备金具电晕后其表面及周围存在的空间电荷的作用考虑不足，安全性和经济性欠缺。因此，准确研究均压环和屏蔽球的电晕起始特性，提出新的电晕起始电压（电场强度）预测方法，为实现高压直流电气设备外绝缘结构的优化设计提供理论基础，具有重要的科学意义和经济意义。

3.2.1　电晕起始电场强度

《IEEE 电气和电子术语标准辞典》将"电晕"定义为：导线周围空气电离的一种发光放电，放电的产生源于电位梯度超过临界值。即线路电晕是在导线表面电场强度超过某一临界值后才开始产生的，这一临界值称为电晕临界电场强度或电晕起始电场强度。Peek 最早研究线路电晕，通过大量实验，给出了适用于交流线路的电晕起始电场强度的计算公式。考虑到直流线路导线与交流线路导线电晕起始电场强度的峰值相同，Peek 公式可以转化为如下直流形式：

$$g_0 = m \times 30 \times \left(1 + \frac{0.301}{\sqrt{r}}\right) \qquad (3\text{-}5)$$

式中：g_0 为标准大气压下导线表面电晕起始电场强度，kV/cm；m 为反映导线表面状况的粗糙度系数；r 为导线半径，cm。

由式（3-5）可见，导线电晕起始电场强度并非常数，小直径导线比大直径导线的电晕起始电场强度高。其物理意义为：使线路电晕放电能够自持，除导线表面电场强度需要足够大外，与导线一定距离的周围空间也需有足够大的电场强度。随着离开导线距离的增加，小直径导线附近的电场强度衰减比大直径导线快。因此，为了维持周围空间一定的电场强度，小直径导线的表面必须具有更高的电场强度才能使放电自持。Peek 通过实验求取导线表面电晕起始电场强度时，采用的光滑导线，相当于 $m = 1$，实际导线通常是采用多股绞线，在制造和架设过程中可能会对导线造成一些伤痕，运行中还会有尘土、昆虫、鸟粪和水滴等附着在表面上，以上诸多情况将使导线表面变得粗糙，为此还需要用粗糙度系数 m 进行校正。对于直流输电线路的 m 取值，不同研究者取值不完全一样，一般取 $0.40 \sim 0.60$。

3.2.2 导线表面电场强度

直流线路电晕放电的严重程度与表面电场强度，特别是表面最大电场强度有关，在这些点电晕放电最为活跃[5, 6]。为准确计算导线表面最大电场强度，对每极为单根导线的输电线路，可以采用 Maxwell 电位系数法计算导线表面电场强度，每根导线上的电荷用集中在导线中心的线电荷来表示。分裂导线表面电场强度计算方法可以采用等效导线方法，用单根等效导线代替分裂导线，先用 Maxwell 电位系数法决定每极导线总电荷，然后把该分裂导线作为孤立导体对待，认为每根导线电荷相同，求出每根导线的平均电场强度，最后考虑各子导线之间电场强度相互作用求出最大电场强度。该方法计算简便，分裂数小于 4 的导线，计算精度能够满足工程要求；但该方法对导线附近空间电场的计算不够准确。目前工程实际采用的计算方法包括如下两种[5]。

1. CIGRE 和 CISPR 推荐的计算方法

首先，将分裂导线用单根等效导线代替，等效导线直径 D_e 由下式决定：

$$D_e = D_{iv} \sqrt[n]{\frac{n \cdot d_e}{D_{iv}}}$$ （3-6）

式中：D_{iv} 为通过分裂导线束各子导线中心的圆的直径，cm；n 为导线分裂数；d_e 为子导线的直径，cm。

用 Maxwell 电位系数法决定每极等效导线的总电荷 Q，根据极导线的电压及其电位系数，以及待求的电荷，可以列出方程

$$\boldsymbol{p} \cdot \boldsymbol{Q} = \boldsymbol{U}$$ （3-7）

式中：p 为直流线路等效极导线、地线及其镜像的电位系数方形矩阵；Q 为分裂导线束总电荷的单列矩阵；U 为分裂导线束电压的单列矩阵。矩阵中电位系数可以用下式计算：

$$p_{ii} = \frac{1}{2\pi\varepsilon}\ln\frac{4H}{d_e} \tag{3-8}$$

$$p_{ij} = \frac{1}{2\pi\varepsilon}\ln\frac{L'_{ij}}{L_{ij}}p_{ij} \tag{3-9}$$

式中：p_{ii} 和 p_{ij} 分别为自电位系数和互电位系数；ε 为空气介电常数，F/m；H 为等效极导线或地线的对地平均高度，m；L_{ij} 为第 i 根等效极导线或地线与第 j 根等效极导线之间的距离，m；L'_{ij} 为第 i 根等效极导线或地线与第 j 根等效极导线的镜像之间的距离，m。

求得每极等效导线上的电荷 Q 后，导线的平均表面电场强度可以由下式决定：

$$g = \frac{Q}{\pi\varepsilon nd_e} \tag{3-10}$$

导线的最大表面电场强度可以由下式决定：

$$g_{max} = g\left[1 + (n-1)\frac{d_e}{D_{iv}}\right] \tag{3-11}$$

用上述方法求得的导线表面电场强度的最大误差不超过 2%，计算精度满足工程要求。

2. 经验公式计算方法

Wagner 提出的计算单极直流线路最大表面电场强度的公式为

$$g_{max} = \frac{2U(1+B)}{nd_e\ln\dfrac{2H}{R_e}} \tag{3-12}$$

式中：U 为导线对地电压，kV；B 为分裂系数，它取决于分裂根数，两分裂时 $B = 2.0d_e/2s$，三分裂时 $B = 3.46d_e/2s$，四分裂时 $B = 4.24d_e/2s$，六分裂时 $B = 5.31d_e/2s$（s 为分裂导线的分裂间距，cm）；R_e 为分裂导线的等效半径，cm[5, 6]。

双极单根导线情况下，Adamson 等[7]提出了适用于双极性导线表面最大电场强度的计算公式：

$$g_{max} = \frac{U}{r\ln\left[\dfrac{s}{r}\times\dfrac{1}{\sqrt{1+\left(\dfrac{s}{2r}\right)^2}}\right]\left(1+\dfrac{r}{H}\right)^2} \approx \frac{U}{r\ln\left[\dfrac{s}{r}\times\dfrac{1}{\sqrt{1+\left(\dfrac{s}{2H}\right)^2}}\right]} \tag{3-13}$$

公式（3-13）适用于每极单根导线的双极线路，利用该公式求得的计算值与数值方法计算结果相差在 2% 以内，但不适用于采用分裂导线的双极线路。

对双极分裂导线，Mangolt 提出了计算导线表面最大电场强度的计算公式[5]：

$$g_{\max} = \cfrac{1+(n-1)\dfrac{r}{R}}{nr \ln \cfrac{2H}{(nrR^{n-1})^{1/n}\sqrt{\left(\dfrac{2H}{s}\right)^2+1}}} U \qquad (3\text{-}14)$$

式中：R 为通过所有子导线中心的圆周的半径，cm。

3.2.3 线路电晕损失计算

电晕会导致能量损失，计算在线路损耗中，导致线路年运行费用增加，要完全消除电晕是不可能的，电晕的产生与导线表面电场强度有关，而尘土、昆虫、水滴和表面粗糙都可能使电场强度增加，从而导致电晕损失。为确保输电线路的建设和运行费用经济合理，设计线路时应合理地选择导线结构，使电晕损失控制在合理范围内，并使其与其他设计判据如无线电干扰和可听噪声等相协调。

直流输电线路电晕损失已有如下一些置信度较好的经验公式。

1. Peek 法

皮克最早研究交流线路电晕损失，提出了交流线路的电晕损失计算公式[8]。该公式用于直流输电线路后，经修改可得

$$P = \frac{123}{1.04}\sqrt{\frac{r'}{l_s}}\left(U - 29.8 \times 0.47 r' \ln \frac{l_s}{r'}\right)^2 \times 10^{-5} \qquad (3\text{-}15)$$

式中：P 为每条线路每公里的电晕损失，kW/km；r' 为电晕效应等效半径，cm；U 为导线对地电压，kV；l_s 为极间距离，cm。

2. Anneberg 法

该计算方法是瑞典 Anneberg 分析直流实验线路的大量实验数据后得到的[5]。
单极线路好天气下的计算公式为

$$P = UK_c nr \times 2^{0.25(g-g_0)} \times 10^{-3} \qquad (3\text{-}16)$$

式中：K_c 为导线表面系数，一般取 0.15（光滑导线）～0.35（有缺陷的导线）；r 为子导线的半径，cm；g 为在运行电压下导线表面的最大电场强度，kV/cm；g_0 为 22δ（δ 为相对空气密度），kV/cm。

双极线路好天气下的计算公式为

$$P = [2U(K+1)K_c nr \times 2^{0.25(g-g_0)}] \times 10^{-3} \qquad (3\text{-}17)$$

式中：$K = \dfrac{2}{\pi} \times \arctan \dfrac{2H}{l_s}$。

3. Popkov 法

Popkov[9]研究了双极直流输电线路电晕理论，根据光滑导线在模拟条件下的实验结果，用实际线路的测量数据予以修正，改写为如下公式：

$$P = 2.24 \times 10^{-1} U \left(\frac{U - U_0}{l_s} \right)^2 \tag{3-18}$$

式中：U_0 为对应于导线表面电场强度 14 kV/cm 时的导线电压，kV。

3.3　电晕起始电压预测

电晕放电是气体介质在不均匀电场中特有的局部自持放电现象，仅发生在导体附近一片极小的区域内[10, 11]。导体在大气中的电晕起始电压主要与两方面有关：一是环境因素，主要包括温度、湿度和气压等；二是导体结构，主要包括导体形状、表面粗糙度和对地高度等。当大气条件相差不大时，导体电晕起始电压与金具的形状结构及邻近的导体配置相关，而这些结构因素最终可以反映到电场分布的不同，导体上加载电压的幅值仅决定着电场强度的大小。本节所提出的电晕起始电压预测模型的基本思想是：通过将电场分布离散化，选取典型的特征集合 X 来表征电场分布，借助机器学习算法支持向量机（support vector machine，SVM）对已知样本的电晕起始电压与特征集合之间的关联进行学习，从而预测未知样本在相似环境因素下的电晕起始电压[12]。

3.3.1　SVM 的基本理论

SVM 最早用于解决二分类问题。对于线性可分的情况，已知有一定数量的训练样本集(x_i, y_i)，存在一个最优分类超平面 $\boldsymbol{w} \cdot \boldsymbol{x} + b = 0$ 可以将训练样本中两类样本没有错误地分开，如图 3-3 所示。

上述线性可分问题可以转化为求取两个支持平面间隔最大化的规划问题，即对变量 $\boldsymbol{w}$ 和 b 的二次规划：

$$\min_{\boldsymbol{w}, b} \frac{1}{2} \| \boldsymbol{w} \|^2 \tag{3-19}$$

$$\text{s.t. } y_i (\boldsymbol{w} \cdot \boldsymbol{x}_i + b) \geqslant 1 \ (i = 1, 2, \cdots, l)$$

通常引入 Lagrange 函数来求解式（3-19），可得

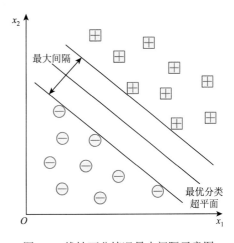

图 3-3　线性可分情况最大间隔示意图

$$L(\boldsymbol{w},b,\boldsymbol{\alpha}) = \frac{1}{2}\|\boldsymbol{w}\|^2 - \sum_{i=1}^{n} \alpha_i \{y_i[(\boldsymbol{w}\cdot x_i)+b]-1\} \tag{3-20}$$

式中：$\boldsymbol{\alpha}=(\alpha_1,\alpha_2,\cdots,\alpha_n)^{\mathrm{T}}$ 为 Lagrange 乘子向量。通过求 Lagrange 函数对 $\boldsymbol{w}$ 和 b 的偏导数，根据极值条件，可以将问题（3-19）转化为如下对偶问题：

$$\max_{\boldsymbol{\alpha}} \quad -\frac{1}{2}\sum_{i=1}^{n}\sum_{j=1}^{n}\alpha_i\alpha_j y_i y_j(x_i\cdot x_j) + \sum_{j=1}^{n}\alpha_j \tag{3-21}$$

$$\mathrm{s.t.} \sum_{i=1}^{n}\alpha_i y_i = 0 \ \ (\alpha_i \geqslant 0; i=1,2,\cdots,l)$$

原始问题是一个含线性不等式约束的凸二次规划，其对偶问题必定有解，不妨设 $\boldsymbol{\alpha}^*=(\alpha_1^*,\alpha_2^*,\cdots,\alpha_n^*)^{\mathrm{T}}$ 是问题（3-19）的任意解，则原始问题的解可以按下式计算：

$$w^* = \sum_{i=1}^{n}\alpha_i^* y_i x_i \tag{3-22}$$

选择 $\boldsymbol{\alpha}^*$ 的一个正分量 α_j^*，据此计算可得

$$b^* = y_j - \sum_{i=1}^{n}\alpha_i^* y_i(x_i\cdot x_j) \tag{3-23}$$

由此可得该线性分类问题的决策函数：

$$f(x) = \mathrm{sgn}\left[\sum_{i=1}^{n}\alpha_i^* y_i(x_i\cdot x)+b^*\right] \tag{3-24}$$

对于近似线性可分的情况，SVM 可以通过引入松弛变量 ξ_i 和惩罚因子 C 以增加对错分样本的容忍度，"软化"对分类超平面的要求，如图 3-4 所示。

引入松弛变量和惩罚系数后，可以将原始问题改写为如下最优化问题：

$$\min_{\boldsymbol{w},b,\boldsymbol{\xi}} \frac{1}{2}\|\boldsymbol{w}\|^2 + C\sum_{i=1}^{n}\xi_i$$

$$\mathrm{s.t.} \ \ y_i(\boldsymbol{w}\cdot x_i+b)\geqslant 1-\xi_i \ \ (\xi_i\geqslant 0; i=1,2,\cdots,l) \tag{3-25}$$

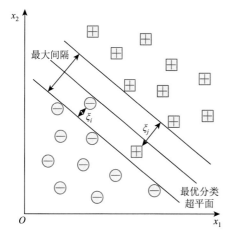

图 3-4　近似线性可分情况最大间隔示意图

式中：$\boldsymbol{\xi}=(\xi_1,\xi_2,\cdots,\xi_n)^{\mathrm{T}}$；$C>0$。同样地，引入 Lagrange 函数，计算极值条件，通过求解对偶问题可得原始问题的解，从而得到 SVM 的决策函数。

在实际应用中，训练数据往往是线性不可分的，如图 3-5（a）所示，为了在非线性条件下实现正确分类，可以通过一个非线性映射，将非线性的输入映射到一个新的高维特征空间中，如图 3-5（b）所示，并在此高维特征空间使用线性 SVM 寻求最优分类超平面。但如果直接映射到高维特征空间再进行计算，将会不可避免地遇到"维数灾难"问题，这是因为新的高维特征空间维度将会剧增。为此，SVM 通过引入核函数

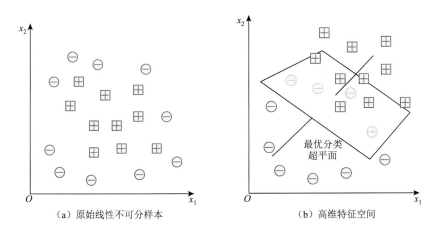

（a）原始线性不可分样本　　　　　　　（b）高维特征空间

图 3-5　线性不可分情况最优分类超平面示意图

直接在原来的低维空间中进行计算，而运算后的结果等效于映射到高维空间的结果，从而大大降低了计算的复杂性。核函数可以表示为

$$K(x_i, x_j) = (\phi(x_i) \cdot \phi(x_j)) \tag{3-26}$$

式中：$(\cdot)$ 表示内积。

通过核函数实现非线性变换后，问题（3-21）可以转化为

$$\max_{\boldsymbol{\alpha}} \ -\frac{1}{2}\sum_{i=1}^{n}\sum_{j=1}^{n}\alpha_i\alpha_j y_i y_j K(x_i, x_j) + \sum_{j=1}^{n}\alpha_j$$

$$\text{s.t.} \ \sum_{i=1}^{n}\alpha_i y_i = 0 \ (0 \leqslant \alpha_i \leqslant C; i=1,2,\cdots,n) \tag{3-27}$$

通过求解最优化问题（3-27），同样可以得到决策函数。

核函数是 SVM 中最重要的问题之一，常用的核函数有线性核函数、多项式核函数、径向基核函数和 Sigmoid 核函数，分别为

$$K(\boldsymbol{x}_i, \boldsymbol{x}_j) = \boldsymbol{x}_i^{\mathrm{T}}\boldsymbol{x}_j \tag{3-28}$$

$$K(\boldsymbol{x}_i, \boldsymbol{x}_j) = (\gamma\boldsymbol{x}_i^{\mathrm{T}}\boldsymbol{x}_j + r)^p \quad (\gamma > 0) \tag{3-29}$$

$$K(\boldsymbol{x}_i, \boldsymbol{x}_j) = \exp(-\gamma \| \boldsymbol{x}_i - \boldsymbol{x}_j \|^2) \quad (\gamma > 0) \tag{3-30}$$

$$K(\boldsymbol{x}_i, \boldsymbol{x}_j) = \tanh(v\boldsymbol{x}_i^{\mathrm{T}}\boldsymbol{x}_j + c) \tag{3-31}$$

式（3-29）和式（3-30）中：γ 为核函数参数。式（3-31）中：v 为一阶常数；c 为偏置项。四种核函数中，径向基核函数的泛化能力较好，参数较少，数学模型相对简单，且能够有效解决非线性问题，是目前应用最广泛的核函数。因此，下一小节选取径向基核函数用于电晕起始电场强度的预测。

3.3.2 预测模型的建立

1. 基本思路与预测流程图

SVM 是一种典型的二分类机器学习算法，其基本原理是：找到最优的超平面，将两类样本无错误地分开，且使两类样本数据与超平面距离最大。其中，惩罚系数 C 和核函数参数 γ 共同决定模型的决策函数，它们直接关系到 SVM 识别性能的高低。对于某一特定的已知样本，其电晕起始电压为 U_c，对应的特征集为 X，输出为 1（起晕），那么可以取加载电压分别为 $0.9U_c, 0.91U_c, \cdots, 0.99U_c$。由于加载电压不改变静电场分布，而仅改变其电场强度幅值，可以计算相应的特征集为 $X_1, X_2, \cdots, X_{10}$，它们所对应的输出均为 -1（未起晕）。同理，当加载电压取 $1.01U_c \sim 1.1U_c$ 时，也存在 1（起晕）的输出，经过以上的处理可以将对电晕起始电压预测的回归问题转化为通过给定特征集判断是否起晕的二分类问题，同时可以将某 1 个已知样本扩展为 21 个已知样本，大大丰富了样本集，便于 SVM 找到最优的分类超平面。

对于 SVM 参数获取，通常采用交叉验证（cross validation，CV）的方法，本小节采用的是 K 折交叉验证（K-fold cross validation，K-CV）。其基本思想是：将已知原始样本数据分为 K 份，包含训练样本集和验证样本集两部分，先采用训练样本集训练分类器，训练得到的模型再通过验证样本集进行验证，每次验证时，训练样本集采用其中的 $K-1$ 组数据，验证样本集采用剩余的 1 组，因此共需进行 K 次验证，验证时，分类器的性能采用 K 次验证分类准确率的平均值作为评价指标。基于交叉验证的思想可以得到分类器在某种意义下的最优参数，从而避免出现过学习或欠学习的情况，最终使得 SVM 分类器能够对向量机未知测试样本集达到一个比较理想的分类准确率。当训练样本集确定后，分类器性能主要由惩罚系数 C 和核函数参数 γ 决定，由于是将 K 折交叉验证中平均分类准确率作为观测指标，可以将 SVM 选择参数视为参数寻优的过程。常见的参数寻优算法包括网格搜索算法和遗传算法等[13]。网格搜索算法首先分别设置惩罚系数 C 和核函数参数 γ 的搜索范围和搜索步长，进行网格划分，让 C 和 γ 在各个网格区间内逐一取值，并代入 SVM 模型中，选取最高分类准确率对应的参数组 (C, γ) 作为 SVM 模型的最优参数。遗传算法是一种基于进化论和遗传学的随机全局搜索和优化算法，首先在规定的搜索范围内随机产生几组 SVM 参数，对其进行二进制编码，生成初始群体，以分类准确率为适应度函数，然后进行选择、交叉和变异等操作，使得 SVM 参数不断优化，最后通过解码输出 SVM 的最优参数组 (C, γ)。

根据以上分析，电晕起始电压预测模型建立及预测流程如图 3-6 所示。

对于某一特定的未知样本，不同加载电压对应着不同的特征集 X，将这些特征集输入已经训练完成的较优 SVM 模型中，SVM 即会输出 1（起晕）或 -1（未起晕）。为迅速找到起晕与未起晕的临界点，即电晕起始电压预测值，首先设定一较大的加载电压区

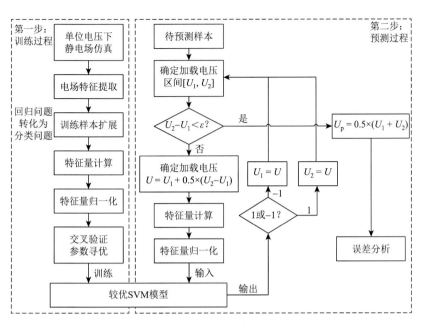

图 3-6　预测流程图

间$[U_1, U_2]$，采用二分法逐一输入对应电压下的特征集，迭代多次后，电压区间逐渐缩小直至满足迭代收敛精度为止，最后取区间的中点为该未知样本的电晕起始电压预测值。

2. 电场特征集的定义

电晕过程中主电离过程局限在曲率半径很小的电极附近，该区域称为电离层，层内电场相对集中，电离和激发主要也发生在该部位，而特征量的定义要充分反映静电场分布，且尽可能地减少冗余信息，才能实现电晕起始电压的准确预测。

根据光电离模型，在电离层中碰撞电离常数 α 大于电子附着系数 η，不妨令 $\alpha_1 = \alpha - \eta$，有效电离常数 α_1 与电场强度 E 之间的关系为

$$\alpha_1 = \begin{cases} 6.156 - 1.29E + 0.0432E^2, & 19 \leqslant E \leqslant 22.8 \\ 29.412 - 3.37E + 0.0895E^2, & 22.8 < E \leqslant 26.6 \\ 100.32 - 8.57E + 0.1842E^2, & 26.6 < E \leqslant 30.4 \\ 12.844 - 2.64E + 0.0842E^2, & 30.4 < E \leqslant 34.2 \\ -302.48 + 14.1E - 0.1368E^2, & 34.2 < E \leqslant 38 \\ 493.24 - 28E + 0.4211E^2, & 38 < E \leqslant 41.8 \\ 401.28 - 21.4E + 0.3158E^2, & 41.8 < E \leqslant 45.6 \end{cases} \quad （3\text{-}32）$$

绘制有效电离常数 α_1 与电场强度 E 之间的关系如图 3-7 所示。

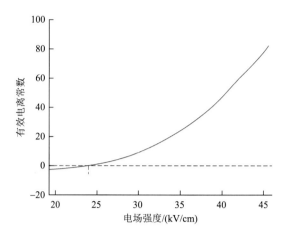

图 3-7　有效电离常数与电场强度关系图

　　由图 3-7 可知，24 kV/cm 是光电离判据中电离层边界的电场强度。文献[14]开展了不同直径的球–板间隙在不同间距下的电晕起始电压测量，根据实验数据，球径共有四种，分别为 5 mm、10 mm、15 mm 和 20 mm，间隙距离最短为 1 cm，最长为 7 cm。选取球径最小间距最小、球径最大间距最大、球径最小间距最大和球径最大间距最小四种情况计算其电场分布，在金属电极上加载实际的起晕电压，分别为 14.6 kV、47.7 kV、22.8 kV 和 34.6 kV。提取间隙中电场强度大于 24 kV/cm 的部分，电场云图如图 3-8 所示。

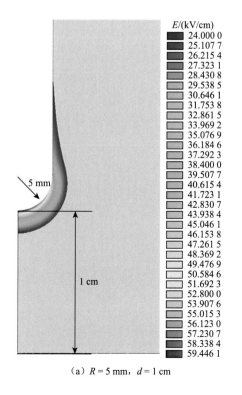

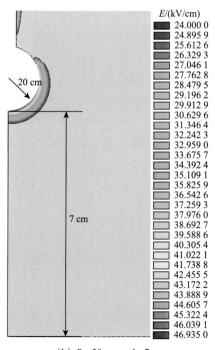

（a）$R = 5$ mm，$d = 1$ cm　　　　　　　　　　（b）$R = 20$ mm，$d = 7$ cm

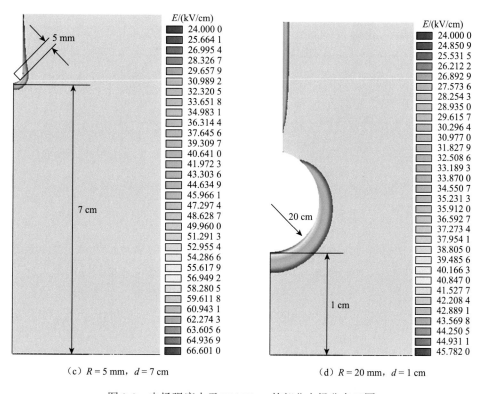

（c）$R = 5$ mm，$d = 7$ cm　　　　　（d）$R = 20$ mm，$d = 1$ cm

图 3-8　电场强度大于 24 kV/cm 的部分电场分布云图

由图 3-8 可知，电离层局限在电极附近很小一块区域内，与电极形状类似，且电场强度衰减很快。图中：当球径为 5 mm、间距为 1 cm 时，间隙内最大电场强度为 59.446 kV/cm；当球径为 20 mm、间距为 7 cm 时，间隙内最大电场强度为 46.935 kV/cm，电离层边界电场强度为 24 kV/cm，分别占其 40.4% 和 51.1%；当球径为 5 mm、间距为 7 cm 时，间隙内最大电场强度为 66.601 kV/cm；当球径为 20 mm、间距为 1 cm 时，间隙内最大电场强度为 45.782 kV/cm，电离层边界电场强度为 24 kV/cm，分别占其 36.0% 和 52.4%。电离层边界最小可至最大电场强度的 36% 的位置，为保证所有特征信息都被能获取，在后面定义空间特征时，空间特征提取边界定为最大电场强度的 30% 处。

从体特征、面特征和线特征三方面定义特征量，其提取区域如图 3-9 所示。

首先，对于导体来说，必然能够找到在电极表面电场强度最大值的一点，记为点 A，电晕放电有很大概率在此区域发生。由此可以找到该点距离零电位最近的方向，在该方向上电场梯度最大。然后，找到该方向上电场强度为 30% 最大电场强度的一点，记为点 B。球电极体特征的提取区域是以球电极为中心、球电极到点 B 的距离为半径作球，除去球电极本身所形成的球壳区域，如图 3-9（a）所示；均压环体特征的提取区域是以环为中心，沿轴线旋转成新环，除去原均压环所形成的区域，如图 3-9（b）所示。面特征的提取区域是除去管母外的整个电极表面；线特征的提取区域选在从电场强度最大值到电场强度为 30% 最大电场强度的一点，即 AB 段。

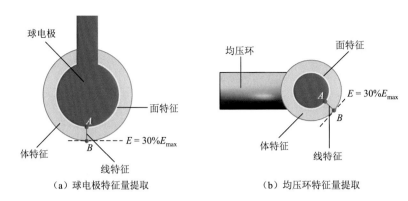

（a）球电极特征量提取　　　　　　　　（b）均压环特征量提取

图 3-9　特征量提取区域示意图

为全面表征电场分布，选取线、面、体作为特征量提取区域的同时，其特征量应包含各种不同量纲的量。对于体特征，可定义电场强度、电场平方量、体积量；对于面特征，可定义电场强度、面积量；对于线特征，可定义电场强度、电场梯度、电场积分、长度量等量纲的特征量，如表 3-1 所示。

表 3-1　特征量定义方式

提取区域	定义方式	特征量描述
体特征	电场强度	电场强度平均值
	电场平方量	电场能量
		能量密度
	体积量	电场强度超过 $x\%$ 最大电场强度的空间体积
	电场不均匀程度	电场畸变率最大值、平均值
		电场强度方差
面特征	电场强度	电场强度平均值
	面积量	电场强度超过 $x\%$ 最大电场强度的表面积
	电场不均匀程度	电场畸变率
		电场强度方差
线特征	电场强度	电场强度最大值、平均值
	电场梯度	电场梯度最大值、最小值、平均值
	电场积分	路径上电场的积分
	长度量	路径长度
		电场强度超过 $x\%$ 最大电场强度的路径长度
	电场不均匀程度	电场畸变率
		电场强度方差

表 3-1 中，x 为比例量，取 90、75 和 50 三个值，可以通过上述 26 个特征量来表征静电场分布。根据电场计算结果，可以计算不同加载电压下不同布置的电场特征集。具体计算公式如下。

（1）电场强度，包括电场强度最大值 E_{max} 和电场强度平均值 E_{av}。

$$E_{max} = \max E_i \quad (i = 1, 2, \cdots, n) \tag{3-33}$$

式中：E_i 为选取的数据点中第 i 个点的电场强度；n 为选取数据点的总数。

$$E_{av} = \sum_{i=1}^{n} \frac{E_i}{n} \tag{3-34}$$

（2）电场梯度，包括电场梯度最大值 E_{gmax}、电场梯度最小值 E_{gmin} 和电场梯度平均值 E_{gav}。

$$E_{gmax} = \max |-\mathrm{grad}E_i| \quad (i = 1, 2, \cdots, n) \tag{3-35}$$

$$E_{gmin} = \min |-\mathrm{grad}E_i| \quad (i = 1, 2, \cdots, n) \tag{3-36}$$

$$E_{gav} = \sum_{i=1}^{n} \frac{|-\mathrm{grad}E_i|}{n} \tag{3-37}$$

（3）电场平方量，包括电场能量 W_v 和能量密度 W_{vav}。

$$W_v = \sum_{i=1}^{n} W_i = \sum_{i=1}^{n} \left(\frac{1}{2} \varepsilon_0 E_i^2 V_i \right) \tag{3-38}$$

式中：W_i 和 V_i 分别为第 i 个体单元的能量和体积；ε_0 为真空介电常数；E_i 为第 i 个数据点或第 i 个单元对应的电场强度。

$$W_{vav} = \frac{W_v}{V} \tag{3-39}$$

式中：V 为体特征提取区域的体积。

（4）电场积分，即路径上电场的积分 V_1。

$$V_1 = \int E_i \mathrm{d}l \approx \sum_{i=1}^{n} E_i d_i \tag{3-40}$$

（5）路径长度，包括路径上的长度 L_1、电场强度超过 $x\%$ 最大电场强度的路径长度 L_x（$x = 50$、75 和 90，后面出现的 x 意义相同）。

$$L_1 = (n-1) d_i \tag{3-41}$$

$$L_x = \sum_{i=1}^{p} d_i \tag{3-42}$$

式中：p 为电场强度超过 $x\%$ 最大电场强度的取点个数。

（6）表面面积，即电场强度超过 $x\%$ 最大电场强度的表面积 S_x。

$$S_x = \sum_{i=1}^{xn} S_i \tag{3-43}$$

式中：xn 为电场强度超过 $x\%$ 最大电场强度的面单元数；S_i 为每个单元的面积。

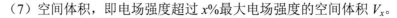

（7）空间体积，即电场强度超过 $x\%$ 最大电场强度的空间体积 V_x。

$$V_x = \sum_{i=1}^{yn} V_i \qquad (3\text{-}44)$$

式中：yn 为电场强度超过 $x\%$ 最大电场强度的体单元数；V_i 为每个单元的体积。

（8）电场不均匀程度，包括电场畸变率 E_d 和电场强度方差 E_{std2}。

$$E_d = \frac{E_{max}}{E_{av}} \qquad (3\text{-}45)$$

$$E_{std2} = \frac{1}{n}\sum_{i=1}^{n}(E_i - E_{av})^2 \qquad (3\text{-}46)$$

3.3.3 预测模型的验证

1. 直流导线电晕起始电压预测

文献[15]中列出了等效半径 $R = 1$ mm、1.25 mm 和 1.5 mm 的绞线在不同对地高度 H 下的负直流电晕起始电压测量值，共 21 个数据，如表 3-2 所示。表中：加粗的数据为训练样本，训练样本个数共 3 个，经处理后生成 63 个训练样本将回归问题转化为分类问题，其余 18 个作为测试样本。

表 3-2 绞线负直流电晕起始电压测量值

H/m	R/mm		
	1	1.25	1.5
0.11	**27.04**	30.47	33.66
0.16	28.91	33.29	36.86
0.21	**30.56**	35.37	38.83
0.26	31.51	36.43	40.67
0.36	33.66	38.51	**43.64**
0.46	34.70	40.22	45.03
0.56	35.50	41.56	46.84

选取单位长度的导线作为计算区域，计算电场后提取 63 个训练样本的 26 维电场特征集，对剩余 18 个测试样本的电晕起始电压进行迭代预测，同时将预测结果与 Peek 公式的计算结果进行对比，粗糙度系数 m 取 0.75，预测结果与 Peek 公式的计算结果如图 3-10 所示。采用遗传算法进行参数寻优，惩罚系数 C 的值为 142.94，核函数参数 γ 的值为 0.106。

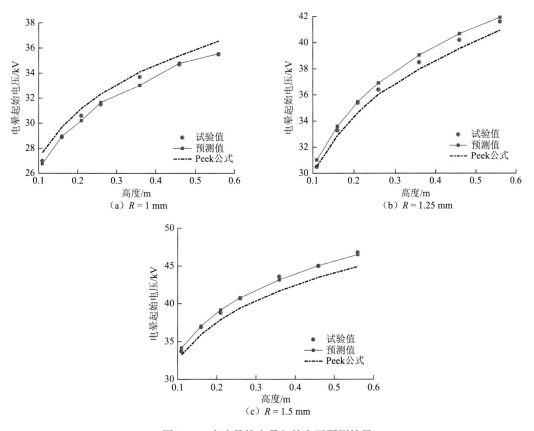

图 3-10　直流导线电晕起始电压预测结果

对于测试样本的预测结果，采用平均绝对百分比误差 e_{MAPE} 作为误差评判指标，计算公式为

$$e_{\text{MAPE}} = \frac{1}{N} \sum_{i=1}^{N} \left| \frac{U_t(i) - U_p(i)}{U_t(i)} \right| \tag{3-47}$$

式中：U_t 为测试样本的电晕起始电压实验值；U_p 为测试样本的电晕起始电压预测值；N 为测试样本的个数。

图 3-10 中的计算结果（预测结果和 Peek 公式的计算结果）与实验结果均非常接近，计算平均绝对百分比作为误差的评判指标，仅用 3 个训练样本的预测结果与实验值之间的平均绝对百分比误差为 0.9%，充分证明了预测模型的有效性。

2. 小尺寸球−板间隙电晕起始电压预测

为验证预测模型的泛化性能，选取部分文献中的电晕数据预测其他文献中的电晕起始电压。选取两篇文献中的 6 个负极性棒−板间隙直流电晕实验结果作为训练样本，训练样本详情如表 3-3 所示。

表 3-3　训练样本列表

训练样本来源	序号	间隙距离/cm	电晕起始电压/kV
10 mm 棒–100 mm 板[16]	1	3.0	29.4
	2	4.0	32.8
	3	5.0	34.1
4 mm 棒–25 cm 板[17]	4	3.0	17.5
	5	3.5	17.9
	6	6.0	19.7

测试样本选取文献[14]中负极性直流下球–板间隙的电晕实验数据，棒端部球的直径分别为 0.5 cm、1 cm、1.5 cm 和 2 cm，共 26 个测试样本电晕实验数据，如表 3-4 所示。

表 3-4　测试样本列表

R/mm	d/cm								
	1.0	1.5	2.0	2.5	3.0	3.5	4.0	5.0	6.0
5	14.6	15.8	16.5	18.4	19.0	19.5	20.5	21.5	22.2
10	21.5	—	25.1	26.8	28.3	—	29.9	31.4	32.4
15	—	—	29.7	—	34.5	—	36.5	38.6	39.4
20	—	—	34.6	—	39.1	—	42.4	45.0	46.5

采用遗传算法进行参数寻优，得到较优 SVM 模型参数惩罚系数 C 的值为 327.75，核函数参数 γ 的值为 0.010 8。用训练好的模型预测小尺寸球–板间隙的电晕起始电压，预测结果如图 3-11 所示。

预测结果的平均绝对百分比误差为 3.3%，预测结果与实验值基本吻合，验证了该预测模型的有效性。当球径为 20 mm 时，预测值与实验值的偏差略大，误差最大值出现在间隙距离为 6 cm 处，绝对误差为 4.99 kV，相对误差达 10.7%，这是因为训练样本中棒的直径最大为 10 mm，且训练样本中仅有一个样本间隙距离为 6 cm。总体而言，除球直

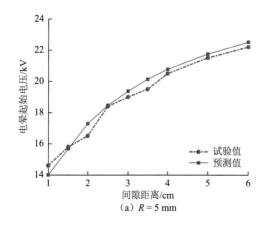

（a）$R = 5$ mm

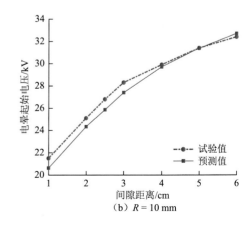

（b）$R = 10$ mm

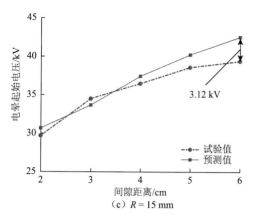
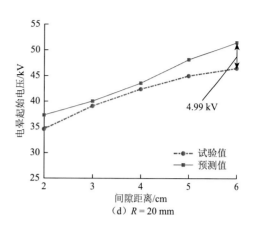

图 3-11　小尺寸球-板间隙电晕起始电压预测结果

径 20 mm、间隙距离 6 cm 这一测试样本外，其余样本电晕起始电压预测结果相对误差均在 10%以内，说明该预测模型有一定的推广性；但是，随着测试样本的几何结构与训练样本的差距增大，其预测误差也会相应增大。

直流导线和球-板间隙电晕起始电压的准确预测证明了该预测模型的有效性，并且可以推广到大直径屏蔽球和均压环的电晕起始电压预测中。

3. 大直径屏蔽球电晕起始电压预测

换流站阀厅是直流输电系统中交直流转换的关键部位，为保证其正常安全运行，需要严格控制阀厅内部金具不发生电晕。大直径屏蔽球是换流站阀厅中一种重要的屏蔽金具，对其电晕特性的研究能为阀厅中屏蔽金具的设计提供参考。考虑典型阀厅中屏蔽球的主要尺寸，昆明特高压实验基地设计了直径 100～600 mm 的试品球，开展了球-网-地、球-地和球-球-地三种实验布置下的正（负）极性电晕实验。屏蔽球与管母相连，直径 100 mm 和 200 mm 的屏蔽球对应连接管母直径分别为 50 mm 和 100 mm，其余管母直径为 200 mm。

实验在昆明特高压实验基地（海拔约为 2 100 m）进行，试品悬吊于场地中央的门型架上，连接管母长度大于 6 m，同时确保其他设备与试品球距离大于 15 m，连接管母端部配置一个环径 1 000 mm、管径 120 mm 的均压环，防止连接部位的金属部件发生电晕。三种实验布置如图 3-12 所示。

球-网-地布置中球的直径为 300～600 mm，网指侧面接地网，模拟阀厅内部阀塔对金具表面电场分布的影响，接地网可靠接地，尺寸为 10 m×10 m，网眼尺寸为 6 cm。为模拟阀厅内部接地网，在地面处以试品正下方为中心、半径 20 m 的圆形范围内铺设接地金属板，球心对地高 5 m，距离接地网 4 m。球-地布置中球的直径为 100～600 mm，球心对地高 4 m，管母垂直于地面布置。球-球-地布置中球直径为 300～600 mm，两试品球的连接管母水平布置，处于同一轴线上，球心间距 3 m，球心对地高 5 m，实验时

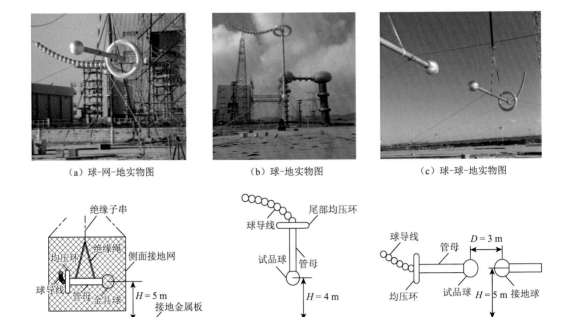

（a）球-网-地实物图　　　　　　（b）球-地实物图　　　　　　（c）球-球-地实物图

（d）球-网-地示意图　　　　　　（e）球-地示意图　　　　　　（f）球-球-地示意图

图 3-12　大直径屏蔽球电晕实验布置图

试品球通过管母连接高压直流电源，另一球通过管母可靠接地。借助三维建模软件 Solidworks 按照实际实验布置建立三维电场仿真模型，其中，屏蔽球、均压环和接地网尺寸与位置图 3-12 所示的实验布置完全一致，管母长度取 6 m。建模时忽略门型架和高压直流发生装置等距离试品球较远的设备，球-网-地模型中接地网用一块厚 5 cm 的长方块来代替，球导线用表面光滑的弯管来代替。

接地网模型通过剖分控制使得网格大小与接地网网格尺寸类似，赋予相似的零电位效果。试品球加载 1 V 电压，接地网、接地球、大地与空气域边界加载零电位，计算可得三种实验布置的电场分布，以球径 300 mm 为例，电场仿真结果如图 3-13 所示。

由于静电场计算中电场强度大小与加载电压之间存在线性关系，要获得电晕起始电场强度，只需将仿真中得到的试品球表面最大电场强度乘以电晕起始电压即可。三种实验布置中，电场强度最大值均出现在球电极端部。根据电场仿真结果，提取并计算体特征、面特征和线特征中的 26 维电场特征集。

对于有监督的机器学习算法，其预测精度取决于样本和特征两个方面，两方面互相影响，共同作用。大直径屏蔽球电晕实验均在昆明特高压实验基地进行，环境因素相似，满足电晕起始电压预测条件。同时，为保证样本的差异性，同一种实验布置下的样本同为训练样本或测试样本。由于负极性电晕起始电压低于正极性电晕起始电压，工程上一般对负极性电晕起始电压进行校核和计算，本小节以两种实验布置的负极性电晕起始电压实验结果作为训练样本对 SVM 进行训练，预测另一种实验布置的负极性电晕起始电压，共预测三组。

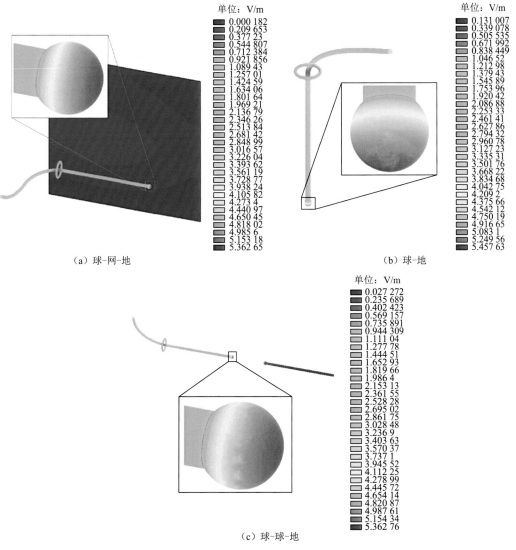

（a）球-网-地

（b）球-地

（c）球-球-地

图 3-13　大直径屏蔽球电场仿真结果

　　基于四折交叉验证和网格搜索法对不同训练样本集对应的较优 SVM 参数进行寻优，惩罚系数 C 的寻优区间为 $[2^3, 2^{15}]$，核函数参数 γ 的寻优区间为 $[2^{-4}, 2^{-1}]$，寻优步长为 $2^{0.1}$。不同训练样本集寻优得到的较优 SVM 参数如表 3-5 所示。同时，计算每一组测试样本中预测值与实验值的最大相对误差，误差指标如表 3-5 所示。

表 3-5　寻优参数与误差指标

寻优参数与误差指标	球-网-地布置	球-地布置	球-球-地布置
惩罚系数 C	222.86	2 521.38	588.13
核函数参数 γ	0.203 1	0.062 5	0.287 2
$e_{\mathrm{MAPE}}/\%$	5.19	4.99	4.33
$e_{\max}/\%$	10.99	−10.71	−7.48

采用幂函数 $y = ax^b$（底数 x 为屏蔽球的直径 R，mm；系数 a 和指数 b 为拟合的参数）来拟合屏蔽球的电晕起始电压实验值和预测值，拟合和预测结果如图 3-14 所示。

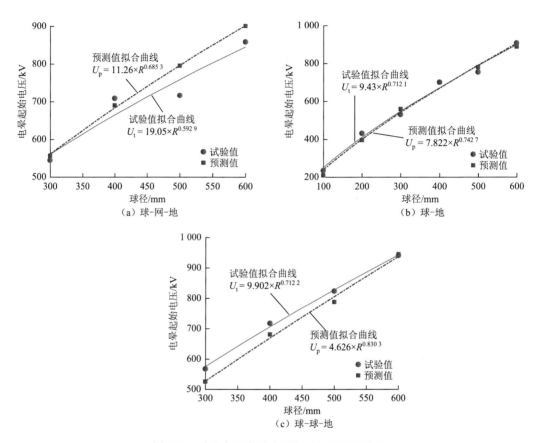

图 3-14　大直径屏蔽球电晕起始电压预测结果

由图 3-14 可知，在环境因素相似的前提下，球-网-地布置、球-地布置和球-球-地布置下屏蔽球电晕起始电压预测值基本与实验值吻合，平均绝对百分比误差分别为 5.19%、4.99% 和 4.33%，满足工程要求。球-网-地布置下球径为 500 mm 时，最大相对误差达到 10.99%，由实验值拟合曲线可知可能是实验值测量偏小所致；球-地布置下最大相对误差出现在球径为 100 mm 时，实验值偏小，虽然相对误差达-10.71%，但绝对误差仅为 25 kV，在工程允许的误差范围内。该方法分别以三种不同的实验布置为测试样本，利用剩下两种实验布置作为已知的训练样本，能够在相似环境因素下通过已知样本的电晕起始电压预测结构不同未知样本的同极性电晕起始电压，为电晕起始电压的数值计算开拓了一条新的途径。

3.3.4　环境因素的讨论

该方法利用了有监督的机器学习算法，在预测未知样本电晕起始电压时，需要通过查找文献或其他渠道获取在相似环境因素下的已知样本电晕起始电压实验数据，存在一定的局限性，可以通过两种方式将环境因素应用在该预测模型中，使其具有更广泛的工程应用。

影响电晕起始电压的环境因素主要包括温度、湿度和气压。第一种处理方式是将温度、湿度和气压也同时纳入机器学习算法，通过机器来学习电晕起始电压与电场分布和环境因素整体的关系。文献[18]借助 SVM 预测了雾环境中棒-板间隙工频击穿电压，其中，将雾的水质量浓度、雾电导率和环境温度作为大气参数特征量纳入了 SVM 模型。文献[19]以大气条件参数（气压、温度、风速和相对湿度等）作为输入，对球隙放电电压进行了预测。由此可见，将环境因素也纳入机器学习算法中是一种行之有效的方案。

第二种处理方式是通过校正公式使得实验数据处于同一环境水平，文献[20]给出了电晕起始电压与空气温度之间大致呈线性关系，湿度和气压对电晕起始电压的影响较大，往往两者密不可分，共同作用。文献[21]研究了典型直流输电设备电晕特性与海拔之间的关系，得出了线性和指数形式的海拔校正公式。因此，在面对不同环境因素的电晕实验数据时，利用校正公式将其统一到相似的环境水平，即可以有效应用本章的预测模型。

本章参考文献

[1] NASSER E，HEISZLER M. Mathematical-physical model of the streamer in nonuniform fields[J]. Journal of Applied Physics，1974，45（8）：3396-3401.

[2] YAMAZAKI K，OLSEN R G. Application of a corona onset criterion to calculation of corona onset voltage of stranded conductors[J]. IEEE Transactions on Dielectrics and Electrical Insulation，2004，11（4）：674-680.

[3] ABDEL-SALAM M，ALLEN N L. Inception of corona and rate of rise of voltage in diverging electric field[J]. IEE Proceedings，1990，137（4）：217-220.

[4] 白江，阮江军，杜志叶，等. 负直流电压下棒板间隙起晕电压计算方法[J]. 中国电机工程学报，2016，36（8）：2305-2312.

[5] 赵畹君. 高压直流输电工程技术[M]. 北京：中国电力出版社，2004.

[6] 岳云峰，彭冠炎，王燕，等. ±800 kV 换流站管母线合成场强特性研究[J]. 中国电力，2013，46（11）：26-29，51.

[7] ADAMSON，COLIN. High voltage direct current power transmission[M]. London：Garraway Limited，1960.

[8]　粟福珩. 高压输电的环境保护[M]. 北京：水利电力出版社，1989.

[9]　PEEK F W B. Dielectric phenomena in high-voltage engineering[J]. New York and London：Mc-Graw-Hill Book Company，1929，48-65.

[10]　SARMA M P，JANISCHEWSKYJ W. Analysis of corona losses on DC transmission lines，part I：Bipolar lines[J]. IEEE Transaction on Power Apparatus and Systems，1969，PAS-88（10）：1476-1491.

[11]　POPKOV V I. On the theory of unipolar DC corona[J]. Electrichestvo，1949（1）：33-48.

[12]　金顾. 直流设备绝缘表面合成电场数值计算方法[D]. 武汉：武汉大学，2019.

[13]　王健峰. 基于改进网格搜索法 SVM 参数优化的说话人识别研究[D]. 哈尔滨：哈尔滨工程大学，2012.

[14]　JIN S，RUAN J J，DU Z Y，et al. Prediction of DC corona onset voltage for rod-plane air gaps by a support vector machine[J]. Plasma Science and Technology，2016，18（10）：998-1004.

[15]　EI-BAHY M M，ABOUELSAAD M，ABDEL-GAWAD N M K，et al. Onset voltage of negative corona on stranded conductors[J]. Journal of Physics D：Applied Physics，2007，40（10）：3094-3101.

[16]　MAGLARAS A L，KOUSIOURIS T，TOPALIS F V，et al. Optimization of corona onset and breakdown voltage of small air gaps stressed by DC and impulse voltages[C]. Controling and Optimization of the Corona Effect and Breakdown of Small Air Gaps Stressed by Impulse Voltage，2013：1207-1214.

[17]　ISA H，SONOI Y，HAYASHI M. Breakdown process of a rod-to-plane gap in atmospheric air under dc voltage stress[J]. IEEE Transactions on Electrical Insulation，1991，26（2）：291-299.

[18]　阮江军，徐闻婕，邱志斌，等. 基于支持向量机的雾中棒-板间隙击穿电压预测[J]. 高电压技术，2018，44（3）：711-718.

[19]　牛海清，许佳，吴炬卓，等. 气隙放电电压的大气条件灰联度分析及预测[J]. 华南理工大学学报（自然科学版），2017，45（7）：48-54.

[20]　王伟，丁燕生，李成榕，等. 空气温度对电晕笼中导线直流电晕特性的影响[J]. 高电压技术，2009，35（3）：613-617.

[21]　范建斌，谷琛，殷禹，等. 特高压直流输电设备电晕特性的海拔校正[J]. 高电压技术，2009，35（12）：2881-2885.

第 4 章

高压直流输电线路离子流场的计算和测量方法

4.1 离子流场的计算方法

4.1.1 基于 Deutsch 假设的求解方法

该方法于 20 世纪 60 年代末由 Sarma 等[1, 2]提出。其核心思想是：采用 Deutsch 假设，即认为空间电荷不影响电场强度的方向，只影响电场强度的大小，从而将二维问题降阶为一维问题计算。

《高压直流架空送电线路技术导则》（DL/T436—2005）推荐了该方法的简化理论计算程序和计算步骤。

（1）假设空间电荷只影响电场强度的幅值而不影响其方向，即 Deutsch 假设为

$$E_s = AE \tag{4-1}$$

式中：E 为标称电场强度，kV/m；A 为标量函数。

（2）电晕后导线表面电位保持在电晕起始电压值 V_0，当导线对地电位为 V 时，导线表面的 A_e 值为

$$A_e = V_0 / V \tag{4-2}$$

采用逐步镜像法或模拟电荷法，沿标称电场的电场线计算无空间电荷下的电场强度 E。

（3）计算 A：

$$\begin{cases} A^2 = A_e^2 + \dfrac{2\rho_e A_e}{\varepsilon_0} \displaystyle\int_\varphi^V \dfrac{\mathrm{d}\varphi}{E^2} \\ \rho_m = \varepsilon_0 (V - V_0) \Big/ \displaystyle\int_0^V \int_\varphi^V \dfrac{\mathrm{d}\eta}{E^2} \mathrm{d}\varphi \end{cases} \tag{4-3}$$

式中：ρ_e 为导线表面电荷密度，可用弦截迭代法求出；ρ_m 为导线表面平均电荷密度，为弦截迭代法求 ρ_e 的初值；ε_0 为介电常数；η 为积分变量。

4.1.2 半经验公式法

利用解析方法先求出仅由导线表面电荷产生的电场，然后利用经验公式与之结合，可以求得附加空间电荷贡献后产生的总电场强度。通过在直流输电线路模型上进行一系列的电晕实验，认为直流输电线路下的电场有两种极限情况：一种是没有电晕时仅由导线上电荷决定的静电场或标称电场；另一种是饱和电晕时仅由空间电荷决定的电场，此时电晕已发展相当严重，线下电场强度仅取决于极间距离和对地距离，导线本身尺寸已影响不了线下电场强度。在计算实际线路下的空间电场强度和离子流密度时，先计算出上述两种极限情况下的电场分布和离子流密度分布，然后在此基础上计算出未饱和电晕放电时的合成电场和离子流密度的分布。

首先，计算出无空间电荷存在时，仅由导线上电荷产生的地面电场，也称为标称电场的分布；然后，计算饱和电晕时，地面电场强度和离子流密度的最大值及横向分布；最后，计算实际直流线路即未饱和电晕时地面合成场强和离子流密度[3]。饱和电晕时地面电场的最大值电场强度公式为

$$E_{0\max} = 1.31 \times (1 - \mathrm{e}^{-1.7P/H}) \frac{U}{H} \qquad (4\text{-}4)$$

式中：P 为大气压力；H 为导线对地高度。

饱和电晕时地面离子流密度计算公式为

$$\begin{cases} j_{D+\max} = -2.15 \times 10^{-15} \times (1 - \mathrm{e}^{-0.7P/H}) \dfrac{U^2}{H^3} \\ j_{D-\max} = 1.65 \times 10^{-15} \times (1 - \mathrm{e}^{-0.7P/H}) \dfrac{U^2}{H^3} \end{cases} \qquad (4\text{-}5)$$

4.1.3 电场线法

近年来，随着合成电场求解模型的进一步精细化，在参考其他文献的基础上引入迎风函数，对电场线方法进行修正，使其在求解合成电场强度时，能够考虑风速的影响[4, 5]。

采用电场线法求解合成电场强度时，需绘制相应的电场线，并提取出每步电场线节点处的电场强度，以便于后续计算。绘制电场线时，应尽量使得每步电场线上的电场强度近似为线性分布。本小节采用逐次镜像法求取空间任意节点处标称电场强度 $\boldsymbol{E}$ 以及电场强度的水平分量 $\boldsymbol{E}_x$ 和竖直分量 $\boldsymbol{E}_y$，电场线上的节点坐标满足微分方程：

$$\frac{\mathrm{d}y}{\mathrm{d}x} = \frac{E_y}{E_x} \qquad (4\text{-}6)$$

采用 Runge-Kutta 法求解上述微分方程，以电场线上相邻两点的距离作为步长，即有

$$\begin{cases} x_{i+1} = x_i + \Delta x = x_i + \Delta l \dfrac{E_{xi}}{\sqrt{E_{xi}^2 + E_{yi}^2}} \\ y_{i+1} = y_i + \Delta y = y_i + \Delta l \dfrac{E_{yi}}{\sqrt{E_{xi}^2 + E_{yi}^2}} \end{cases} \qquad (4\text{-}7)$$

式中：(x_i, y_i) 为前一计算点坐标；(x_{i+1}, y_{i+1}) 为待计算点坐标；Δl 为电场线上相邻两点的距离，即电场线绘制步长；E_{xi} 和 E_{yi} 分别为前一计算点电场强度的水平分量和竖直分量。

远离导线时，电位梯度变化较为平缓；而靠近导线表面时，电位梯度变化剧烈。为使每步电场线上的电场强度近似为线性变化，同时不过多浪费电场线的步数，绘制远离导线的电场线时，应选择较大步长；反之，绘制导线附近的电场线时，应选择较小步长。本小节依据过往绘制经验，将导线附近的 Δl 设置为空间电位 φ 与导线电压 U 之比 φ/U 的二次函数。其具体公式为

$$\Delta l = 0.9 \times \left(\frac{\varphi}{U} - 1 \right)^2 + 0.001 \tag{4-8}$$

实际的直流输电线路多为分裂导线，当不考虑空间电荷时，子导线表面的电场强度分布各不相同，且其对应的电晕程度也不相同。同时，由地面出发绘制的电场线会终止到不同子导线的不同位置，终止点对应的导线表面电场强度也不相同。由于终点处的导线表面电场强度不同，下面计算得到导线表面电荷密度也不同。

本小节选择以某 $\pm800\,\text{kV}$ 双极直流输电线路为例进行计算分析，线路参数如表 4-1 所示。

表 4-1　$\pm800\,\text{kV}$ 直流输电线路分裂导线参数

线路参数	参数值	线路参数	参数值
导线的分裂形式	6×630	分裂间距/cm	45
极间距/m	22	线路对地高度/m	22
子导线半径/cm	1.68	避雷线半径/cm	0.875
避雷线对地高度/m	40	保护角/(°)	0

不考虑避雷线时 $\pm800\,\text{kV}$ 特高压直流输电线路结构示意图如图 4-1 所示。根据式（4-6）～式（4-8）绘制电场线，如图 4-2 所示。

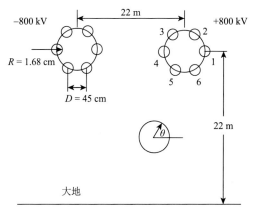

图 4-1　云广特高压直流输电线路结构示意图

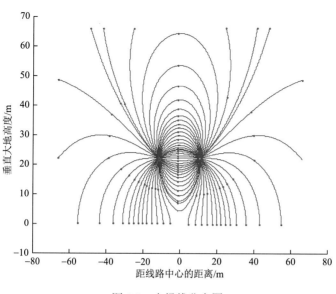

图 4-2　电场线分布图

　　绘制电场线时发现正极导线与地面之间的电场线的终端主要落在 1、5、6 号子导线
上，而极间区的导线主要集中在 2、3、4 号子导线上。鉴于关注区域为地面处，本小节
仅以 1、5、6 号子导线表面的电场分布情况为例进行说明。其导线表面的电场分布情况
及粗糙度系数分别取 0.3 和 0.5 时的电晕起始电场强度如图 4-3 所示。当导线表面粗糙度
系数取 0.3 时，导线表面各点处的电场强度均大于相应的电晕起始电场强度，导线表面
各点处均已起晕；而当导线表面粗糙度系数取较大值 0.5 时，导线表面均存在部分区域

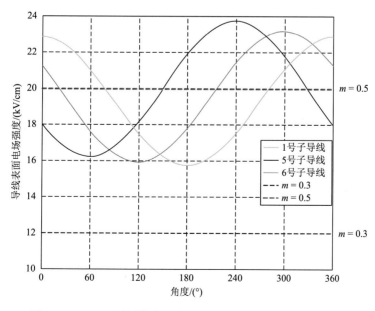

图 4-3　1、5、6 号导线表面电场和电晕起始电场强度分布情况

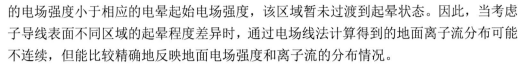

的电场强度小于相应的电晕起始电场强度，该区域暂未过渡到起晕状态。因此，当考虑子导线表面不同区域的起晕程度差异时，通过电场线法计算得到的地面离子流分布可能不连续，但能比较精确地反映地面电场强度和离子流的分布情况。

根据式（4-1）所示的合成电场强度与标称电场强度的数学关系，忽略离子的复合效应，即可认为 $R_{ion}=0$，同时将式（2-6）、式（2-7）与式（4-1）联立求解可得

$$\nabla(A\rho)=0 \tag{4-9}$$

式（4-9）表明，沿着电场线方向上的任意点处 $A\rho$ 之积为常数，其相应的数学表达式为

$$A\rho=A_e\rho_e \tag{4-10}$$

$$A_e\rho_e=A_1\rho_1 \tag{4-11}$$

式中：A_e 和 ρ_e 分别为导线表面相应点的 A 值和 ρ 值，A_e 的值可以由导线表面最大电场强度与电晕起始电场强度的比值得到；A_1 和 ρ_1 分别为电场线上任一点的 A 值和 ρ 值。

联立式（2-5）和式（4-1），求解可得

$$\nabla\cdot\boldsymbol{E}_s=\boldsymbol{E}\cdot\nabla A=\frac{\rho}{\varepsilon_0} \tag{4-12}$$

沿着电场线方向进行求解，将式（4-12）进一步简化为

$$E\frac{\mathrm{d}A}{\mathrm{d}s}=\frac{\rho}{\varepsilon_0} \tag{4-13}$$

式中：s 为沿着电场线方向上的积分变量。

沿着电场线方向，将式（2-8）进行化简，可得

$$E=-\frac{\mathrm{d}\varphi}{\mathrm{d}s} \tag{4-14}$$

联立式（4-11）、式（4-12）和式（4-13），求解可得

$$A^2=A_e^2+\frac{2\rho_e A_e}{\varepsilon_0}\int_\varphi^U\frac{\mathrm{d}\varphi}{E(\varphi)^2} \tag{4-15}$$

式中：U 为导线电压；φ 为无空间电荷时空间某点的电位值。

将式（4-11）代入式（4-15），化简可得

$$\frac{1}{\rho^2}=\frac{1}{\rho_e^2}+\frac{2}{\varepsilon_0\rho_e A_e}\int_\varphi^U\frac{\mathrm{d}\varphi}{E(\varphi)^2} \tag{4-16}$$

式（4-15）和式（4-16）可通过数值积分方法近似求得，其积分方向均沿着电场线进行，每步积分的区间长度为电场线绘制时的步长。因此，绘制远离导线表面的电场线时，可以设置较大步长，而接近导线表面时，应用小步长绘制，使得每步电场线上的电场强度近似线性分布。

　　不考虑空间电荷时，导线表面的最大电场强度与导线所施加的电压成正比，可知电晕起始电场强度对应的电压为电晕起始电压，且电晕起始电场强度和电晕起始电压的比值与不考虑空间电荷时运行导线表面最大电场强度和所施加电压的比值相等。其相应的数学表达式为

$$A_e = \frac{U_0}{U} = \frac{E_{on}}{E_0} \qquad\qquad (4\text{-}17)$$

式中：A_e 为导线表面的比例系数；U 为导线外施电压；U_0 为电晕起始电压；E_0 和 E_{on} 分别为导线表面最大电场强度和电晕起始电场强度。由此即可计算得到导线表面比例系数 A_e 及其相应的电晕起始电压 U_0。

　　通过迭代的方法联立求解式（4-15）和式（4-16）时，导线表面电荷密度选取不当会使程序收敛较慢，甚至不收敛。为此，Sarma 提出了相应的预估初值的公式，其具体形式为

$$\rho_m = \int_0^U \int_\varphi^U \frac{\rho \mathrm{d}\eta}{E^2} \mathrm{d}\varphi \bigg/ \int_0^U \int_\varphi^U \frac{\mathrm{d}\eta}{E^2} \mathrm{d}\varphi \qquad\qquad (4\text{-}18)$$

式中：ρ_m 为每条电场线上的平均电荷密度，对 ρ_m 进行适当的缩放即可作为导线表面电荷密度的预估值。

　　采用弦截迭代法联立求解式（4-15）和式（4-16），可以获得导线表面电荷密度 ρ_e。其具体流程如下。

　　（1）采用逐次镜像法求解导线表面的最大电场强度和电场线节点处的标称电场强度。

　　（2）求解电晕起始电场强度及其相应的电晕起始电压。

　　（3）采用式（4-18）预估每条电场线上的平均电荷密度 ρ_m，并据此预估导线表面电荷密度初值。

　　（4）沿着电场线方向，对每条电场线采用弦截迭代法联立求解式（4-15）和式（4-16）获取电场线任意节点处的电荷密度值。

　　（5）求取每条电场线上的电荷密度均值，并与上次求解获得的电荷密度均值 ρ_m 进行对比。

　　若偏差在允许范围之内，则结束计算；否则，对电荷密度进行修正，重复步骤（3）和步骤（5），直到偏差在允许范围以内。

　　采用弦截迭代法联立求解式（4-15）和式（4-16）获取导线表面电荷密度 ρ_e 时，其相应的流程如图 4-4 所示。

　　求得导线节点电荷密度后，可以通过式（4-15）和式（4-16）联立求解获得电场线上其他节点的电荷密度及其相应的 A 值，进而通过式（2-6）和式（4-1）求得地面处的合成电场强度和离子流密度分布情况。

　　以图 4-1 中的模型为对象，导线表面粗糙度系数取 0.45，计算此时地面处离子流密度的分布情况。计算时，导线表面各点处的电场强度按照不考虑空间电荷时计算所得的导线表面实际电场强度计算，即考虑导线表面起晕程度的差异。其离子流场密度和合成电场强度计算结果分别如图 4-5 和图 4-6 所示。

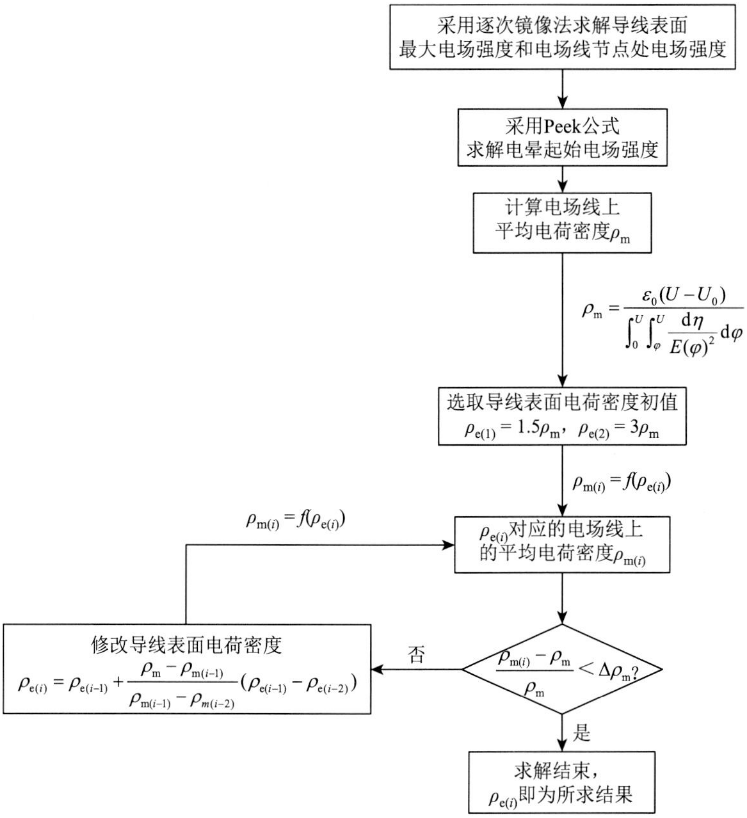

图 4-4　导线表面电荷密度 ρ_e 求解流程图

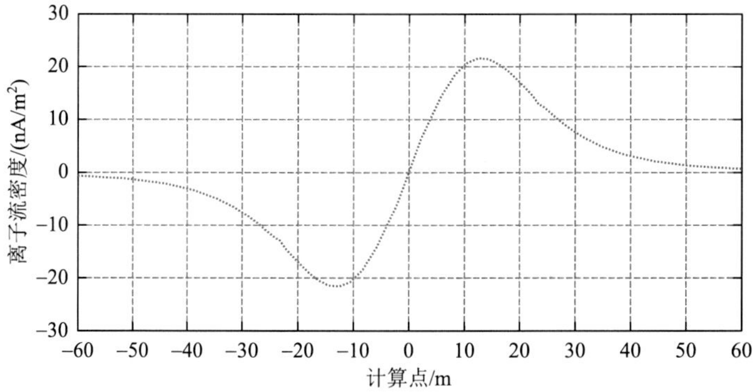

图 4-5　基于电场线法的地面处离子流密度计算值

4.1.4　BPA 法

BPA 法以其求解效率高、稳定性好的优点，多次在 CIGRE 被阐述，但是国内却鲜有研究文献对该方法进行介绍[6, 7]。本小节将在介绍 BPA 法理论的基础上，编制适应性更强的求解程序，并在验证算法的有效性后，将其应用到单极和双极离子流场分析中。

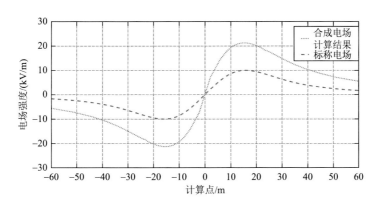

图 4-6　基于电场线法的地面处合成电场强度计算值

前面已经提到了离子流场的数学方程为非线性偏微分方程组，其解析解较难获得。BPA 法通过基于 2.2 节提到的假设（1）～（8），对上述偏微分方程组进行简化处理，将其转化为便于求解的一维积分方程。

BPA 法求解时，认为由电场线形成的通量管中离子流保持连续，满足电流连续性方程。基于假设（1）～（8），可以获得计算所需的通量管。单根通量管示意图如图 4-7 所示。

图 4-7 中所示通量管，起始于导线表面，两边沿着电场线，终端截面垂直于电场强度的方向。图中：H 为线路中心对地高度；R 为导线半径；A_2 和 E_2 分别为沿着电场线方向、距离导线表面 l 处的通量管截面边长和电场强度；

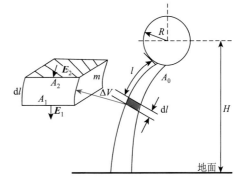

图 4-7　单根通量管示意图

A_1 和 E_1 分别为 $l + dl$ 处的通量管界面边长和电场强度；m 为单位长度；ΔV 为 dl 范围内通量管微元的体积。

针对图 4-7 中的通量管微元，结合 Gauss 通量定理可得

$$\nabla \cdot \tilde{E} = \lim_{\Delta V \to 0} \frac{\oint_s \tilde{E} \cdot d\tilde{s}}{\Delta V} \tag{4-19}$$

$$\lim_{\Delta V \to 0} \frac{\oint_s \tilde{E} \cdot d\tilde{s}}{\Delta V} = \lim_{dl \to 0} \frac{E_2 A_2 m + 2E(l)A(l)dl + 2E(l)dlm - E_1 A_1 m}{A(l)dlm} \tag{4-20}$$

对于图 4-7 中的通量管微元 ΔV：电场强度 E_1 和 E_2 分别正交于阴影部分所示的上端面及其对应的下端面；而电场强度 $E(l)$ 平行于通量管微元的四侧面，即 $E(l)A(l)dl = E(l)dlm = 0$。由此，可以将式（4-19）简化为

$$\lim_{\Delta V \to 0} \frac{\oint_s \tilde{E} \cdot d\tilde{s}}{\Delta V} = \lim_{dl \to 0} \frac{E_2 A_2 - E_1 A_1}{A(l)dl} \tag{4-21}$$

当通量管微元较小时，可以认为

$$\lim_{\Delta V \to 0} \frac{\oint_s \tilde{E} \cdot \mathrm{d}\tilde{s}}{\Delta V} \approx \frac{E_2 A_2 - E_1 A_1}{A(l)\mathrm{d}l} \tag{4-22}$$

而此时

$$\begin{aligned}
\mathrm{d}[E(l)A(l)] &= E(l)\mathrm{d}A(l) + A(l)\mathrm{d}E(l) \\
&\approx \frac{E_1 + E_2}{2}(A_2 - A_1) + \frac{A_1 + A_2}{2}(E_2 - E_1) \\
&\approx E_2 A_2 - E_1 A_1
\end{aligned} \tag{4-23}$$

结合式（2-9）和式（4-19）～式（4-22）可得

$$\mathrm{d}[E(l)A(l)] = \frac{\rho}{\varepsilon_0}A(l)\mathrm{d}l \tag{4-24}$$

当计算标称电场时，导线周围不存在空间电荷，即电荷密度 $\rho = 0$。此时，式（4-24）可以转化为

$$\mathrm{d}[E_e(l)A(l)] = 0 \Rightarrow E_e(l)A(l) = 常数 \tag{4-25}$$

由此可得

$$E_e(l)A(l) = E_e(0)A(0) \tag{4-26}$$

式中：$E_e(l)$ 为标称电场时沿着电场线方向、距离导线表面 l 处的电场强度。

当空间电荷存在时，将式（4-25）两端同乘 $E(l)A(l)$，可得

$$E(l)A(l)\mathrm{d}[E(l)A(l)] = \frac{E(l)A(l)\rho(l)A(l)}{\varepsilon_0}\mathrm{d}l \tag{4-27}$$

由通量管假设可知，通量管内部，离子流恒定不变。因此，针对式（2-9），通过类似于式（4-19）～式（4-27）的推导方法，可得

$$j(0)A(0) = j(l)A(l) = kE(l)\rho(l)A(l) \tag{4-28}$$

将式（4-28）代入式（4-27），整理后得

$$E(l)A(l)\mathrm{d}[E(l)A(l)] = \frac{j(0)A(0)}{k\varepsilon_0}A(l)\mathrm{d}l \tag{4-29}$$

式（4-29）两端沿着电场线积分可得

$$E(l) = \left[\frac{2j(0)}{k\varepsilon_0 E_e(0)}\int_0^L \frac{1}{E_e(l)}\mathrm{d}l + \frac{E_0^2}{E_e(0)^2}\right]^{1/2} E_e(l) \tag{4-30}$$

式中：E_0 为导线表面的电晕起始电场强度，其值可以由 Peek 公式获得。

引入计算因子 $K_B = \dfrac{2j(0)}{k\varepsilon_0 E_e(0)}$，式（4-30）可以简化为

$$E(l) = \left[K_B \int_0^L \frac{1}{E_e(l)} \mathrm{d}l + \frac{E_0^2}{E_e(0)^2} \right]^{1/2} E_e(l) \qquad (4\text{-}31)$$

由式（4-31）可知：K_B、E_0 和 $E_e(0)$ 在线路参数确定的情况下均为常量；合成电场强度 $E(l)$ 为标称电场强度 $E_e(l)$ 的积分函数。因此，在标称电场强度 $E_e(l)$ 已经求得的前提下，可以通过积分方法获取地面处的合成电场分布情况。

在地面处合成电场强度已求得的前提下，由式（4-26）和式（4-28）可得

$$\rho(l) = \frac{j(0)A(0)}{kE(l)A(l)} = \frac{j(0)E_e(l)}{kE(l)E_e(0)} = \frac{K_B \varepsilon_0 E_e(l)}{2E(l)} \qquad (4\text{-}32)$$

获得地面处的合成电场强度 $E(l)$ 和电荷密度 $\rho(l)$ 后，结合式（4-9）和式（2-6），可以求得地面处的离子流密度 j。BPA 法的计算流程如下。

（1）求解 Peek 公式，得到导线的电晕起始电场强度 E_0。

（2）采用逐次镜像法，获得导线表面的标称电场强度 $E_e(0)$。

（3）预估导线表面的电荷密度 ρ_0。

（4）绘制电场线，形成通量管，要注意尽量采用等位线交割的形式形成积分微元区域。

（5）采用逐次镜像法，获得电场线上的标称电场强度 $E_e(l)$。

（6）求解式（4-31），获得电场线与地面交点处的合成电场强度 E。

（7）由地面出发沿着电场线方向对合成电场强度进行积分，获取此时导线表面电位的计算值 U_i。

（8）比较计算电位与实际电位的偏差，若 $|U - U_i| / U \leqslant \delta$（$\delta$ 偏差控制值，取 0.1），则结束循环；否则，对导线表面的电荷密度 ρ_0 进行修正，重复步骤（6）～（7）。导线表面电荷密度修正公式为

$$\rho_{0\text{new}} = \rho_{0\text{old}} \left[1 + f\left(\frac{U - U_i}{U} \right) \right] \qquad (4\text{-}33)$$

（9）求解式（4-33），获得电场线与地面交点处的电荷密度 ρ。

BPA 法对应的求解流程图如图 4-8 所示。

本书以 4.1.3 节所提到的某 $\pm 800\ \mathrm{kV}$ 特高压直流输电线路为例，导线表面粗糙度系数取 0.35，分别采用 BPA 法和电场线法求解地面处合成电场强度和离子流密度分布。其计算结果对比如图 4-9 所示。图中：横坐标表示与线路走向垂直的平面内地表面计算点，以线路中心为 0，单位为 m。

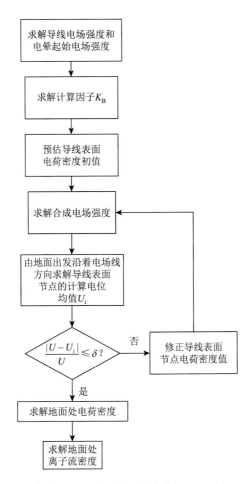

图 4-8　BPA 法计算合成电场流程图

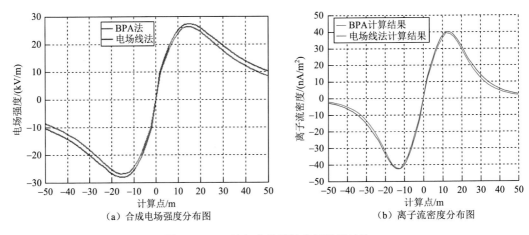

（a）合成电场强度分布图　　　　　（b）离子流密度分布图

图 4-9　BPA 法与电场线法求解结果对比

由图 4-9 可以看出，BPA 法和电场线法求得合成电场强度和离子流密度分布曲线整体趋势相同，数值略微存在偏差。但就所关心最大合成电场强度和离子流密度而言，两种方法求得的最大出现位置相同，且前者求得的最大值为 26.98 kV/m，后者求得最大值为 27.96 kV/m。若以电场线法求得的最大值为基准，则采用 BPA 法所得地面合成电场强度最大值的偏差为 3.4%，地面离子流密度最大值的偏差为 0.37%。在同样的计算平台上，采用 BPA 法的计算时间约为电场线法计算时间的 1/3，计算效率更高。

4.1.5　有限元迭代法

有限元迭代法舍弃了 Deutsch 假设，利用迭代方式求解 Poisson 方程和电流连续性方程，得到空间电场强度和离子流分布。

传统数值解法采用设置初始电荷密度，利用 Poisson 方程或电流连续性方程求得电位，继而代入另一方程求得新的电荷密度，是一个多次迭代的求解过程。计算电位过程中需要采用插值函数计算，求得的空间电位数值解存在误差，该误差在解 ρ^+ 和 ρ^- 的反向计算中又进一步增大。随着迭代次数的增加，计算误差不断放大，最终可能导致解无法收敛。

同时，以电位函数为求解对象的方法仅用于同轴圆筒和单极输电导线离子流场问题，未能用于双极问题的原因在于，双极导线正、负极单独考虑时，其电流连续性方程可以视为 Laplace 方程，复合项的存在增加了求解的复杂性，同时，由于其需要对电荷密度进行乘积操作，可能进一步放大误差。

1. 求解流程

对于电流连续性方程，考虑节点电荷密度为已知变量，则可以视为静电场 Poisson 方程求解。求解流程如图 4-10 所示。

求解过程中，式（2-9）中对应 A 场和 B 场控制方程，同时以电位函数 φ 为求解变量进行求解，由于初值的设定与实际空间电荷密度存在一定的差异，求得的电位结果 φ_A 和 φ_B 并不相同，将结果的差异作为迭代参考量代入迭代公式修正求解场域内各节点的空间电荷密度，同时还应综合考虑导线表面电场强度与实际值的差异。通过迭代，若最终分别从 A 场和 B 场中解得的电位分布 φ_A 和 φ_B 的最大差异在误差限以内，则判定为收敛，停止迭代，保存计算结果。利用求得的电位函数，能够求得场域内各位置的电场强度和离子电流密度。

2. 模型及剖分控制方法

首先需要确定的是实际问题所定义的区域。对于离子流场问题，地面处电场强度和离子流密度是核心问题，需要通过计算垂直于导线方向的地面电场强度，根据对人体和

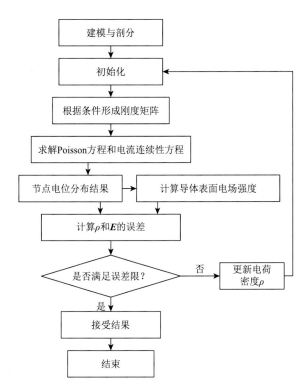

图 4-10　求解流程图

环境的安全限制，确定输电走廊。人工边界需取得足够大，以至于边界处的电荷足够小，对计算结果的影响可以忽略不计。但随着场域的增大，若仍要保持相应的精度，计算量就会急剧增加。采用矩形求解域，当外边界超过 3.5 倍导线对地高度后，计算结果趋于稳定，而超过该尺寸后，场域增大，节点增加，计算量增大。因此，本小节选择 4 倍导线对地高度为边界条件。

　　有限元方法中，需要将连续场域离散通过剖分形成多个单元，二维场域离散，本小节采用三角形三节点单元剖分。场域求解时，首先解得的是电位函数，通过插值求得相关节点的电场强度。在电场强度变化剧烈的区域，如导线表面，容易形成误差。因此，对于电场强度变化剧烈的区域，应当剖分得足够细密，而在变化较为平缓的区域，为减小计算量，可以适当放宽，即剖分网格尺寸可以较大。

　　计算模型选取文献[8]中的双极导线实验模型，本小节采用以导线轴心为圆心，从导线半径开始，设置十层同心圆的方法剖分，每层圆半径较之前一层圆的半径大 5%。这种方式能够较好地保证计算的精度。

　　图 4-11 中给出了双极导线模型典型网格效果图，可见导线表面、极间区和导线与大地之间的区域的剖分较密，这与离子流场电场线变化的趋势较为吻合。右上角为导线表面临近区域网格局部放大图，三角形网格从导线表面开始逐渐增大，剖分程序通过商业软件完成。

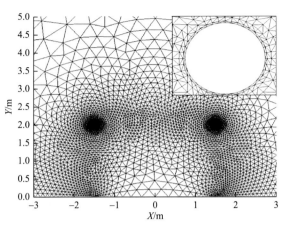

图 4-11 剖分示意图

3. 边界条件

由解的唯一性的证明过程可知，大地电位为 0，当外边界取得足够大时，也可以认为电位衰减为 0。而在导线表面，导线表面电位 φ、电位梯度 $\nabla\varphi$ 和电荷密度 ρ 至少需要其中之一。

4. 迭代初始电荷密度的求解

迭代初始电荷密度的选择对迭代结果的收敛性影响很大，设置为 0 或过大都可能导致迭代结果不收敛。因此，对于输电线路表面电荷密度的求解，先求得导线表面的电场强度，根据 Gauss 定理，导线表面处电荷密度 ρ_0 可以由下式求得：

$$\int_S \boldsymbol{E}\mathrm{d}s = \rho_0 \tag{4-34}$$

式中：$\boldsymbol{E}$ 为导线表面电场强度。

根据迭代求解流程，求解场域内空间电荷密度越接近实际值，电位函数 φ 求解结果差异越小。随着距离导线越来越远，空间电荷密度会呈现下降趋势。因此，场域内空间电荷密度分布可以由下式计算求得：

$$\rho(x,y) = \frac{\rho_0}{\{1+[x^2+(y-h)^2]/h^2\}^2} \tag{4-35}$$

$$\rho^+(x,y) = \frac{\rho_0}{[1+(x-x^+)^2+(y-h)^2/h^2]^2} \tag{4-36}$$

$$\rho^-(x,y) = \frac{\rho_0}{[1+(x-x^-)^2+(y-h)^2/h^2]^2} \tag{4-37}$$

式中：$\rho(x,y)$ 为单极输电线路在场域中点 (x,y) 的空间电荷密度，C/m；$\rho^+(x,y)$ 为双极输电线路正极性导线产生的电荷在场域中点 (x,y) 的空间电荷密度，C/m；$\rho^-(x,y)$ 为双极输电线路负极性导线产生的电荷在场域中点 (x, y) 的空间电荷密度，C/m；ρ_0 为导线表面电荷密度，C/m；x、x^+ 和 x^- 为单极输电线路和双极输电线路正、负极导线横坐标，m；h 为导线对地高度，m[1]。

式（4-35）～（4-37）分别为单极输电线路、双极输电线路中正极性和负极性产生的空间电荷密度分布。初始空间电荷密度的分布与结果稳定时电荷密度的分布是否一致决定了迭代计算是否能够尽快达到收敛。为验证上述公式的合理性，绘制初始空间电荷密度和计算结果收敛稳定时计算得到的结果，如图 4-12 所示。

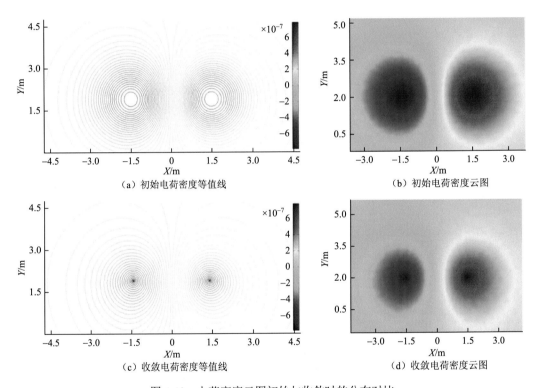

（a）初始电荷密度等值线　　　　　　　　（b）初始电荷密度云图

（c）收敛电荷密度等值线　　　　　　　　（d）收敛电荷密度云图

图 4-12　电荷密度云图初始与收敛时的分布对比

由于该方法取得的电荷密度分布形式上接近真实电荷密度分布，迭代步数较少，能很快得到收敛结果。

5. 基于遗传算法的迭代计算

迭代求解格式应收敛快且稳定性好，常见的迭代方法有如下三种。

（1）设定初始电荷密度分布 ρ_0，解 Poisson 方程求得电位 φ，代入电流连续性方程求得新的 ρ，比较两迭代步的 ρ 和 ρ'，若电荷密度误差满足迭代误差限，则停止迭代，接受相应的解为满足要求。

（2）用相同初始分布 ρ_0 首先求解电位 φ，然后将电位 φ 代入 Poisson 方程求得新的 ρ，最后比较两次的结果，满足误差限即停止迭代。

（3）假设空间电荷密度 ρ 已知，分别由 Poisson 方程和电流连续性方程求得电位 φ_A 和 φ_B，判断 φ_A 与 φ_B 之间的差异 $\delta\varphi$，选择校正系数来修正电荷密度，若 $\delta\varphi$ 满足精度要求，则停止迭代，得到结果。

在迭代模式（1）中，首先求解 Poisson 方程，然后求解电流连续性方程，经过数次迭代能够得到求解结果。迭代模式（2）先求解电流连续性方程，再解 Poisson 方程，这个过程需要求解微分方程，较之模式（1）积分方程的迭代，对误差的积累比较敏感，收敛性不容易保证。若初始值选取不当，则不容易收敛且稳定性较差。模式（3）同时求解 Poisson 方程和电流连续性方程，求解过程稳定收敛，难点在于选取合适的修正函数。

根据多次实验，提出空间电荷密度的修正公式：

$$\rho^{\text{new}} = \rho^{\text{old}} + \delta\rho \tag{4-38}$$

$$\delta\rho = \alpha \cdot \frac{E_c}{E_{\text{cal}}} \cdot \frac{-\delta\varphi}{\varphi_A + \varphi_B} \rho^{\text{old}} \tag{4-39}$$

式中：ρ^{new} 为电荷密度更新值；ρ^{old} 为上一迭代步的电荷密度值；α 为待定参数，通过不断尝试取值，能够使误差下降最快；E_c 为导体表面电场强度，当模型为高压直流线路时由式（2-1）给出；E_{cal} 为上一迭代步两个场计算所得的导线表面电场强度平均值，该项的存在可以保证导线表面电场强度的边界条件不变。由于假定 ρ 初始值非真实解，两个方程所解得的电位不一致，给定 ρ 与真实解之间的差别与电位差别 $\delta\varphi = \varphi_A - \varphi_B$ 有关。当修正电荷密度趋近于真实值时，$\delta\varphi$ 也趋近于 0。

按照上述迭代格式，若初始电荷密度 ρ 为 0，则 $\delta\rho$ 也为 0，迭代无法进行；若初始电荷密度偏离实际值过大，导致电位差异 $\delta\varphi$ 过大，则修正时电荷密度差异也很大，导致迭代不能收敛。

收敛因子的取值，需要进行大量尝试，因此需要提出一种能够根据每步迭代情况进行智能调整的算法。

遗传算法是模拟 Darwin 的遗传选择和自然淘汰的生物进化过程的计算模型，是一种通过模拟自然进化过程搜索最优解的方法。由于遗传算法的整体搜索策略和优化搜索方法在计算时不依赖于梯度信息或其他辅助知识，而只需要影响搜索方向的目标函数及其相应的适应度函数，它适合对收敛因子进行修正。修正方法如图 4-13 所示。

利用遗传算法求取收敛因子 α，首先需要确定种群，M-种群是 M 个个体组成的集合（个体允许重复），简称种群。M 称为种群规模，$S^M = \{X = (X_1, X_2, \cdots, X_M), X_i \in S \ (i \leqslant M)\}$ 称为 N-种群空间。种群要有一定的规模，通过优选和杂交，得到对目标函数适应度较高的结果。本小节选择收敛因子 α 的种群规模 M 为 20，精英取 10%，数量 N 为 2。遗传算法的实现流程如图 4-14 所示。

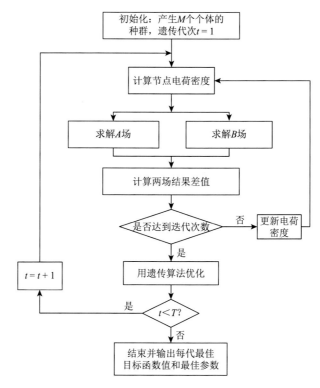

图 4-13　迭代系数 α 的求取方法

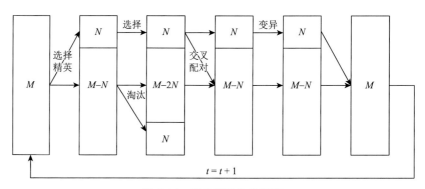

图 4-14　遗传算法结构框图

$$F(x) = |E_A - E_B| \tag{4-40}$$

$$\mathrm{fit} = \frac{1}{F(x)} = \frac{1}{|E_A - E_B|} \tag{4-41}$$

将适应值排序，最大的两个适应值对应的 α 即使得计算结果收敛最快的收敛因子，定义为精英，将其取出另存，保存剩下的 18 个 α 值。

1）选择与淘汰

遗传操作中的选择操作建立在对个体的适应度评价的基础之上。选择操作的主要目的是避免基因缺失，提高全局收敛性和计算效率，因此选择算子的设计是遗传操作中十分重要的一个环节。本小节的比例选择算子采用的是一种有退还随机选择方法，也称为轮盘赌（roulette wheel）选择，这是遗传算法中最早提出的一种选择方法，由 Holland 提出，因为其简单实用，所以被广泛采用。比例选择算子的具体执行过程如下。

（1）计算出群体中所有个体的适应度总和 $\sum\limits_{i=1}^{N} f(X_i)$。

（2）计算出每个个体的相对适应度大小 $P(X_i) = f(X_i) \Big/ \sum\limits_{i=1}^{N} f(X_i)$，即各个个体被遗传到下一代群体中的概率。

（3）使用模拟轮盘赌操作，每轮产生一个[0, 1]上的随机数，将该随机数作为选择指针来确定被选个体。

本小节利用轮盘赌方法进行选择与杂交，淘汰与精英个数相同的两个加速收敛因子 α 值，保留 $M{-}2N$ 个收敛因子个体，即保留 16 个个体，并进入后续配对与杂交过程。

2）配对与杂交

杂交算子是母体空间到个体空间的映射，记为

$$T_c : S^2 \to S \tag{4-42}$$

（1）单点杂交算子，即等概率地随机确定一个基因位置作为杂交点，把一对母体两个个体从杂交点分成前后两部分，交换两个个体的后半部分得到两个新个体，取第一个个体为杂交结果。

（2）单点随机杂交算子，即等概率地随机确定一个基因位置作为杂交点，把一对母体两个个体从杂交点分为前后两个部分，以概率 p_c 交换两个个体后半部分，得到两个新个体，取第一个个体为杂交结果。称 p_c 为杂交概率。

（3）均匀随机杂交算子，即独立地以概率 p_c 把母体的第一个个体的相应分量交换为第二母体的相应分量，从而得到杂交结果。

本小节的杂交方法为：将 2 个精英与利用轮盘赌选择的 16 个个体一起凑成 18 个个体，将个体按照适应度排序，第 1 名与第 2 名配对，第 3 名与第 4 名配对……第 17 名与第 18 名配对，共配成 9 对。

配对完成后，按照 2 个 1 对，将收敛因子进行交叉，交叉策略为：生成随机数 rand，按照以下公式进行：

$$\alpha_1^{k+1} = \alpha_1^k - (\alpha_2^k - \alpha_1^k)\,\mathrm{rand} \tag{4-43}$$
$$\alpha_2^{k+1} = \alpha_2^k - (\alpha_1^k - \alpha_2^k)\,\mathrm{rand} \tag{4-44}$$

子代的个体由母体生成，需要注意的是，式（4-43）与式（4-44）中随机数 rand 不同，每次都需要重新生成随机数。

3）变异操作

仅对交叉操作生成的 18 个个体进行变异操作，其公式为

$$\alpha^{k+1} = \alpha^k + (\mathrm{rand} - 0.5) \times \frac{\max - \alpha^k}{0.5} \quad (\mathrm{rand} > 0.5) \tag{4-45}$$

$$\alpha^{k+1} = \alpha^k + (rand - 0.5) \times \frac{\alpha^k - min}{0.5} \quad (rand > 0.5) \quad (4\text{-}46)$$

式中：max、min 分别为种群空间的上、下边界。变异并不是任何时候都发生，只有当随机数大于变异概率时才会发生，这里定义变异概率 p_m 为 0.1。

将变异得到的 18 个个体与之前保留的 2 个精英一同生成新的种群，种群规模仍然保持为 20 个，进入下一代。在整个遗传算法选择最优收敛因子的过程中，选择算子在种群中变化，杂交算子在包含种群的最小模式中变化，变异算子在个体的邻域变化。该方法能最终确定使得收敛速度最快的收敛因子，对于一个实验 200 kV 单极直流实验导线，计算结果为 1.02。

4.2　合成电场（离子流场）的测量

4.2.1　实验模型

日本学者 Hara[8] 设计了一系列实验，来测量电压与离子流场的关系。实验对象为户外的单极和双极直流输电线路与地面之间的场量。实验地点为日本住友集团（SUMITOMO）的熊取町高压实验室。实验场地平面布置如图 4-15 所示。

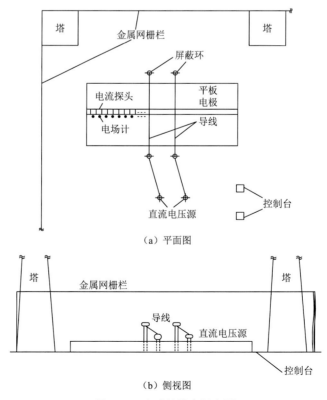

（a）平面图

（b）侧视图

图 4-15　实验场地实际布置

　　导线直径为 5 mm，长度为 10.5 m，两段由高度为 3.5 m 的电站支柱绝缘子支撑。绝缘子顶端安装大屏蔽环，直流电源与导线之间用直径为 10 cm 的柔性铝导线连接，尽量避免由该连接线产生的电晕影响导线电晕产生的电场。

　　导线距离地平面高度为 2 m，双极导线间距离为 3 m。单极实验时，拆除其中一根导线。在这种结构布置下，计算出最大导线表面电场强度为：双极情况下 11.9 kV/m（标称电晕起始电压±81.9 kV），单极情况下 8.4 kV/m（标称电晕起始电压 88.1 kV）。地平面由钢板制成，规格为 5.6 m×18.2 m，平行于混凝土地面布置，距离地面高度为 120 cm。为测量离子电流分布，水平布置了 48 只电流探头：中心区域（导线下方离子电流变化剧烈区域）每 45 cm×20 cm 布置一只探头，远离中心区域的地方每 45 cm×40 cm 布置一只。钢板上开有 31 个测量窗口，布置电场测量仪，每只直径为 4 cm。具体布置方式如图 4-16 所示，窗口垂直导线横向布置。

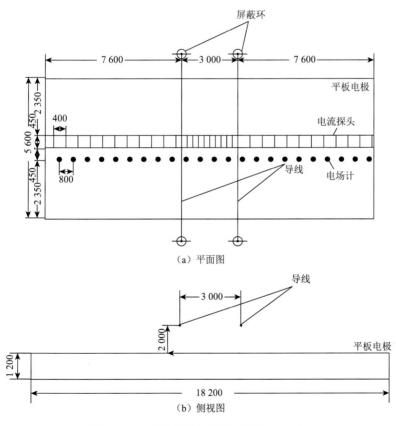

图 4-16　电极布置详细数据（单位：mm）

4.2.2　实验条件及测量方法

　　实验在无风的条件下进行。定义风速小于 1 m/s 为无风。

平板电极上的电场强度利用电场测量仪测得，离子电流需要在每只电流探头上记录数分钟。电场强度和离子流密度的测量位置，双极时表示为距离极中心的距离，而单极时直接表示为距离导线投影的距离。

测量直流输电线路下的合成电场强度，需要用特制的旋转电场测量仪，结构如图4-17所示，该电场测量仪一方面能准确测量合成的直流电场，另一方面又能把截获的离子电流泄流入地，并尽量不影响正常读数[9]。该电场测量仪探头是由每隔一定角度开有若干个扇形孔的两个圆片组成，两圆片同轴安置，两者之间隔开一定距离并相互绝缘，上面圆片随轴转动并直接接地，下面圆片固定不动并通过一电阻接地。当动片转动时，直流电场通过转动圆片上的扇形孔，时而作用在定片上，时而又被屏蔽。这样在定片与地之间产生一交变电流信号。该电流信号与被测直流电场强度成正比，通过测量该交变电流就可以知道直流电场强度的大小，用数学公式说明如下。

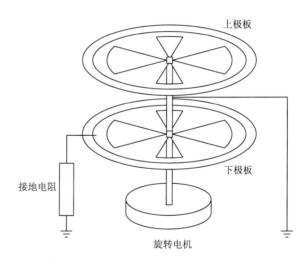

上极板

下极板

接地电阻

旋转电机

图 4-17　旋转电场测量仪实际模型

假设圆片上共有 n 个扇形孔，每个扇形孔面积为 A_0，上圆片转动的角速度为 ω，则当上圆片转动时，下圆片暴露于直流电场的总面积 A 随时间的变化为

$$C_{\mathrm{de}}(t) = 1 - \cos n\omega t \tag{4-47}$$

$$A(t) = nA_0 C_{\mathrm{de}}(t) \tag{4-48}$$

若被测直流电场场强为 E，空气的介电常数为 ε_0，则定片上感应的电荷 $Q(t)$ 为

$$Q(t) = \varepsilon_0 E A(t) \tag{4-49}$$

由此可以求得由直流电场感应的电流为

$$i_e(t) = \frac{\mathrm{d}Q(t)}{\mathrm{d}t} = \varepsilon_0 E n^2 A_0 \omega \sin n\omega t \tag{4-50}$$

通过测量 $i_e(t)$ 可以知道合成电场强度 E。

需要指出的是，沿电场线移动的离子电流，也通过转动圆片上的扇形孔进入定片。若离子电流密度为 J，则进入下面固定圆片的离子电流为

$$i_j(t) = JA(t) = nA_0 J(1 - \cos n\omega t) \tag{4-51}$$

由式（4-51）可知，进入固定圆片的电流 $i(t)$ 是由离子电流 $i_j(t)$ 和感应电流 $i_e(t)$ 两个分量组成的，其感应电流密度分别为 $i_e(t)$ 和 $i_j(t)$，相角正好相差 90°。按理来说，若能准确区分和测量 $i_e(t)$ 和 $i_j(t)$ 两个分量，则利用该电场测量仪可以同时测量合成电场强度 E 和离子电流密度 J；但该电场测量仪的 A 值小，致使 $i_j(t)$ 很小，无法由此准确求得 J 值。由于 $i_j(t) \ll i_e(t)$，$i_j(t)$ 的存在对 $i_e(t)$ 的读数影响小，即 $i(t) \approx i_j(t)$，可以由此确定合成电场强度 E。

由旋转电场测量仪的工作原理可知，其转速不应过慢，当转速过慢时，测量误差可能增加。当测量合成电场强度时，由于空间电荷受介质的影响，测量区域内应尽量保证旋转电场测量仪不至于对空间电场强度和电荷密度产生过大的畸变。测量信号的传输采用光纤等非电信号传输方式，数据收集和处理端的人和仪器应保证与测量点具有一定的距离，尽量减小由传输线的引入对测量结果的影响。

旋转电场测量仪设备外壳一般为金属材料，Hara 等[8]实验时采用在钢板上开槽的方法，这种方法能够保证旋转电场测量仪周围所测量的电场为近似匀强电场。实际测量中，若不具备此条件，一般可以采取选择面积较旋转电场测量仪大几倍以上的金属平板开槽置于旋转电场测量仪下方的方式，获取较为接近的匀强电场。

离子电流密度可以通过测量对地绝缘的金属板截获的电流来测量，为了避免金属平板边缘对电场畸变造成测量误差，金属板四周应有一圈一定宽度的金属接地环。为了减少微弱电流测量带来的误差，金属板的面积应足够大，使其截获的离子电流数值能在当前旋转电场测量仪表量程范围以内。通过测量进入中部接收电极的离子电流来测量离子电流密度，进入吸收电极的离子电流可以用两种方法测量：一种方法是将接收板通过一个能测量微弱电流的电流表接地，直接测量电流，市场出售的数字精密弱电流表的内阻约 1 kΩ（实际上是通过测 1 kΩ 上的压降来读数的）；另一种方法是将接收板与地之间并联一个电阻，通过测量该电阻上的压降，来推算出流过的电流。并联的电阻在精密数字电压表能读数的条件下，应尽可能小，若阻值过大，则被接收板接收的离子电荷不能很快释放，会导致读数误差，该电阻可以是 1 kΩ 或 1～10 kΩ。

美国 EPRI 曾做过金属板四周有无金属接地环时对测量误差的影响，实验表明，如果没有四周的接地屏蔽环，即使金属板的面积很大，误差都在 12.5%以上[10]。他们还做过接地屏蔽环的宽度、金属板离地高度和金属板的面积对测量误差的影响实验，实验表明，接地屏蔽环的宽度对金属板离地高度的比值越大、金属板离地面的高度越小，测量误差就越小。

交流输电线路只要线路电压稳定不变，线下工频电场分布是稳定的，可以只用一块电场强度表垂直线路方向驻点测量工频电场，而直流输电线路下的合成电场强度和离子

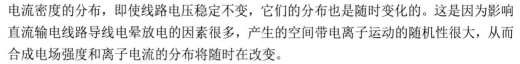

电流密度的分布，即使线路电压稳定不变，它们的分布也是随时变化的。这是因为影响直流输电线路导线电晕放电的因素很多，产生的空间带电离子运动的随机性很大，从而合成电场强度和离子电流的分布将随时在改变。

　　直流输电线路合成电场强度和离子电流密度通常需要多套测量仪器同时测量，一般是在直流输电线路档距中间，垂直线路方向每隔一定距离放置一台旋转电场测量仪和离子电流密度测量板。若要全面给出直流输电线路下合成电场强度和离子电流密度分布，需要同时放置多套测量设备，其测得的数据需要通过光纤导入数据存储和处理设备，避免引入不必要的干扰。

4.2.3　实验结果与计算结果对比

1. 单极离子流场计算结果校验

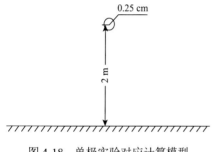

图 4-18　单极实验对应计算模型

　　单极离子流场实验模型计算，以极导线的地面投影为原点，建立二维模型，求解区域为矩形，边界宽度 30 m（正负方向各 15 m），高度 7.5 m，导线半径 0.25 cm，对地高度 2 m[8]。模型如图 4-18 所示。

　　采用三角形三节点单元剖分，对导线表面和极间区域加密剖分，单极实验模型较为简易，共生成 14 897 个单元，7 532 个节点。计算结果如图 4-19 所示。

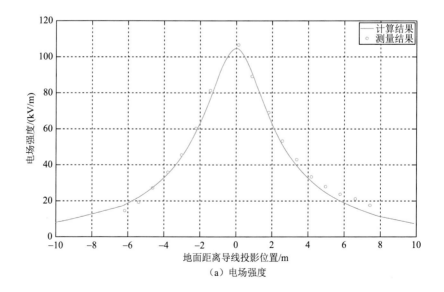

（a）电场强度

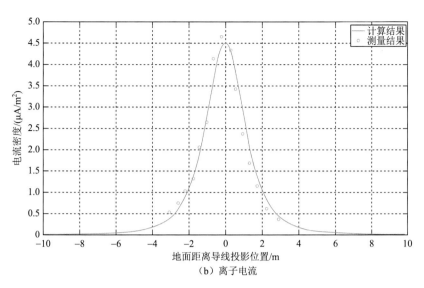

（b）离子电流

图 4-19　单极模型计算与实验结果对比

单极 200 kV 直流实验线路下方地面处电场强度的最大计算结果为 104.5 kV/m，实验测得结果为 106.6 kV/m，计算值比测量值小 1.97%；电流密度最大计算结果为 4.52 μA/m²，实验测得结果为 4.65 μA/m²，计算值比测量值小 2.80%。最大值出现在导线正下方。产生误差的原因在于实验测量时存在一定的误差，由于气候条件不同，实测条件与计算简化条件不可能完全统一（室外实验有小于 1 m/s 的自然风，其电流密度的实验数据显示不对称性）。

图 4-20（a）和（b）所示分别为利用公式计算的单极初始电荷密度和计算收敛电荷密度的分布情况。初始阶段，由公式计算的电荷密度分布以导线中心为圆心，随距离增加电荷密度衰减；而收敛时由于大地存在，靠近大地的路径上电荷密度衰减的趋势较缓。但总体比较，两者分布趋势较为接近，因此，可以认为初始电荷密度计算公式有助于后续计算。

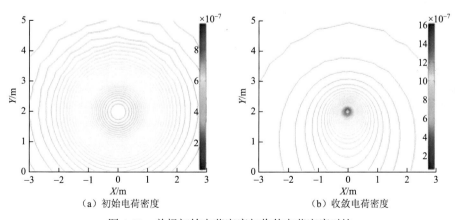

（a）初始电荷密度　　　　　　　　　　　（b）收敛电荷密度

图 4-20　单极初始电荷密度与收敛电荷密度对比

2. 双极离子流场计算结果校验

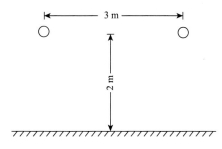

图 4-21 双极实验对应计算模型

双极离子流场实验模型计算，以极导线中心的地面投影为原点，建立二维模型，求解区域为矩形，边界宽度 30 m（正负方向各 15 m），高度 7.5 m，导线半径 0.25 cm，对地高度 2 m，极间距 3 m。模型如图 4-21 所示。

采用三角形三节点单元剖分，对导线表面和极间区域加密剖分，双极模型较单极模型复杂，需要在导线表面和极间区域进行剖分控制，其生成 16 972 个节点，33 466 个单元。计算结果如图 4-22 所示。

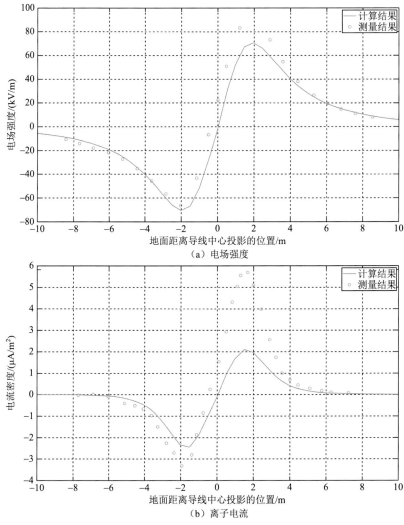

（a）电场强度

（b）离子电流

图 4-22 双极±200 kV 模型计算与实验结果对比

双极 ±200 kV 直流实验线路下方地面处电场强度的最大计算结果为 70.6 kV/m，实验测得结果约为 83.1 kV/m；计算得到地面离子电流负极最大值为 –2.45 μA/m²，实验测得结果约为 –3.32 μA/m²；正极计算结果最大值为 2.09 μA/m²，实验测得结果约为 5.68 μA/m²。产生误差的原因在于，实验测量时存在一定的误差，由于气候条件不同，实测条件与计算简化条件不可能完全统一（室外实验有小于 1 m/s 的自然风，其电流密度的实验数据显示不对称性）。

图 4-23（a）和（b）所示分别为利用公式计算的双极初始电荷密度和计算收敛电荷密度的分布情况。由图 4-23 可以看出，对于双极输电线路，本小节使用的电荷密度初值分布趋势与收敛时分布趋势较为接近，合理的初始电荷密度赋值，能够减小由迭代产生的误差，避免后续求解的不收敛。

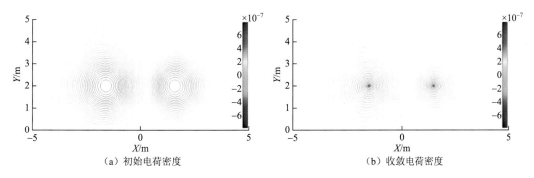

（a）初始电荷密度　　　　　　　　　　（b）收敛电荷密度

图 4-23　双极初始电荷密度与收敛电荷密度对比

由上述计算结果可知，本小节采用的高压直流离子流场有限元迭代求解方法所得结果与实验结果较为吻合，该方法能够用于求解实际工程中线路离子流场相关问题。

4.3　气象条件对计算的影响

4.3.1　下雨或相对湿度较大时的情况

Potthof 提出了水膜理论，即在晴朗的天气条件下为了与空气中存在的水蒸气相平衡，在导体表面仍然会存在一层肉眼看不见的水膜。另外，气体介质中的有效电子从金属表面的水膜中产生将比直接从金属表面产生更容易。因此，随着相对湿度的增加，导线表面水膜更加容易形成，这将使导线表面的电晕电场强度降低，电晕损耗相应地有所增加。当相对湿度大于 65% 时，此现象更加明显[11]。

雨天，大气中的离子可能与大气中存在的大量小水珠和水分子结合而形成较重的离子，它们具有较低的离子迁移率。因此，雨天大气中离子的迁移率将大大升高。另外，雨天的导线表面也将因为潮湿而变得更加不光滑，此时导线表面的粗糙度系数也将下降。

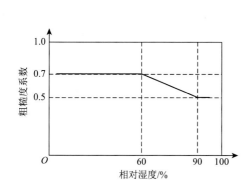

图 4-24　粗糙度系数随相对湿度变化趋势

粗糙度系数随相对湿度变化趋势如图 4-24 所示。

在大雾天，空气湿度大，情况与雨天基本相同。由于离子迁移率低，电晕起始电场强度低，地面电场强度将大大增加。

可以通过改变粗糙度系数 m 来考虑湿度的影响。假设：①当相对湿度小于 60%时，$m = 0.7$；②当相对湿度等于 90%时，$m = 0.5$；③当相对湿度为 60%～90%时，m 随相对湿度的增加而线性增加。

4.3.2　高海拔情况

为研究海拔对电晕电流、地面离子流密度和地面电场强度的影响，国家电网有限公司电力科学研究院曾做过西宁地区与武汉地区的缩尺对比实验[12]。实验结果表明：直流输电线路电晕起始电压随空气相对密度的减小而下降；当环境温度变化不大时，直流输电线路的电晕电流及地面离子流密度随空气相对密度的减小而增加；在相同的电晕程度下，地面电场强度标幺值与空气相对密度无关。

在高海拔地区，计算导线表面电晕起始电场强度还要考虑气压的影响。在电晕起始电场强度计算公式中，加入气压校正系数：

$$\delta = \frac{0.386P}{273 + T} \tag{4-52}$$

式中：P 为大气压力，mmHg；T 为环境温度，℃。因此，考虑高海拔地区的直流线路电晕起始电场强度 E_0 的计算公式为

$$E_0 = 30m\delta^{2/3}\left(1 + \frac{0.301}{\sqrt{r}}\right) \tag{4-53}$$

实际输电线路的导线基本采用多股绞线结构，在制造和铺设的过程中可能造成一些磨损和划痕，投运后还会有水滴、昆虫、尘埃和鸟粪等附着在其表面，这些情况都会使导线表面变得更加粗糙。因此，在离子流场的计算过程中，需要用粗糙度系数 m 进行校正，不同学者对 m 的取值不尽相同，一般取 0.40～0.60。高海拔高压输电线路附近区域存在的带电粒子，对电晕放电起到了一定的抑制作用。提高输电电压等级会增强导线附近的电场强度，加剧电晕放电，导线附近会产生更多的带电粒子，这些带电粒子将减弱导线附近的电场强度。实际上，在稳定放电的情况下，带电粒子与导线上的电荷会达到一定的平衡状态：使导线附近的电场强度限制在维持电离所需的最小值，无论输电线路电压等级高低，导线表面电场强度几乎都会维持在电晕起始电场强度附近，即 Kaptzov 假设，该假设巧妙地避开了电晕放电的复杂计算，简化了计算离子流场的边界条件。

海拔校正方法也通常被用于判断设备在高海拔地区的电晕起始电压情况。目前还没有关于电晕起始电压大气校正的国家标准和行业标准。而电晕起始电压的海拔校正方法，即将低海拔地区实验室的实验结果校正到高海拔地区，也只限于交流线路用的金具和绝缘子[13]。

文献[14]提出了当金具用于海拔 1 000 m 以上的地区公式为

$$U_H = k_H U_0 \qquad (4\text{-}54)$$

$$k_H = \frac{1}{1.1 - 0.1H} \qquad (4\text{-}55)$$

式中：U_H 为高海拔地区实验电压；k_H 为海拔修正系数；U_0 为低海拔地区实验电压；H 为海拔，km。

文献[15]提出了绝缘子可见电晕实验是以海拔 0 m 为基值的，当实验地点在不同的海拔高度时，应将实验结果乘修正系数 k，即

$$k = \frac{1}{1 - \dfrac{H}{10\ 000}} \qquad (4\text{-}56)$$

现有的海拔校正方法大多是基于海拔 2 000 m 以下地区的实验数据，且常为根据 2 个地区的数据点作出的校正曲线。

本章参考文献

[1] 余世峰，阮江军，张宇，等. 直流离子流场的有限元迭代计算[J]. 高电压技术，2009，35（4）：894-899.

[2] SARMA M P，JANISCHEWSKYJ W. Analysis of corona losses on DC transmission lines I：Unipolar lines[J]. IEEE Transactions on Power Apparatus and Systems，1969，PAS-88（5）：718-731.

[3] 杨洁. 并行的高压交直流输电线路合成电场的计算研究[D]. 保定：华北电力大学，2008.

[4] 李凌燕. ±800 kV/±500 kV 混压双回直流输电线路电磁环境计算及工程设计研究[D]. 武汉：武汉大学，2016.

[5] 杜鹏飞. 特高压直流输电线路下方合成电场计算及其工程应用研究[D]. 宜昌：三峡大学，2017.

[6] CHARTIER V L，STERNS R D，BURNS A L. Electrical environment of the up rated pacific NW/SW HVDC intertie. IEEE Power Engineering Review，1989，9（4）：92，93.

[7] DALLAIRE R D，MARUVADA P S. Corona performance of a ±450 KV bipolar DC transmission line configuration. IEEE Transactions on Power Delivery，1987，2（2）：477-485.

[8] HARA M，HAYASHI N，SHIOTSUKI K，et al. Influence of wind and conductor potential on

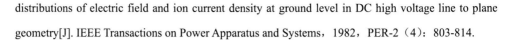

distributions of electric field and ion current density at ground level in DC high voltage line to plane geometry[J]. IEEE Transactions on Power Apparatus and Systems，1982，PER-2（4）：803-814.

[9] 赵录兴，崔翔，陆家榆，等. 直流输电线路地面合成电场测量方法探讨[J]. 中国电机工程学报，2018，38（2）：644-652，695.

[10] 余世峰. 高压直流输电线路离子流场有限元迭代计算[D]. 武汉：武汉大学，2009.

[11] 周浩. 一种计算不同气象条件下双极 HVDC 线路离子流场的方法[J]. 高电压技术，1991，17（2）：19-23.

[12] 张杰. 海拔高度对直流离子流场影响的研究[J]. 高电压技术，1990，16（4）：62-66.

[13] 范建斌，谷琛，李军，等. ±800 kV 典型直流设备电晕起始电压的海拔校正方法[J]. 中国电机工程学报，2008，28（25）：8-13.

[14] 国家质量技术监督局. 电力金具：电晕和无线电干扰试验 GB/T 2317.2—2000[S]. 北京：国家质量技术监督局，2000.

[15] 国家质量监督检验检疫总局. 绝缘子试验方法第二部分：电气试验方法 GB/T 775.2—2003[S]. 北京：国家质量监督检验检疫总局，2003.

第 5 章

二维上流有限元法

5.1　二维上流有限元法的理论及算法实现

5.1.1　上流有限单元判定

对空间场域剖分得到的一组三角形单元如图 5-1 所示，若要根据已知电荷密度的节点 j 和节点 m 计算节点 i 的电荷密度，就必须判断与 i 相关的三角形单元 ijm 是否构成节点 i 的上流有限单元（单元内节点标号 ijm 采用逆时针旋转方式进行定义）[1-6]。

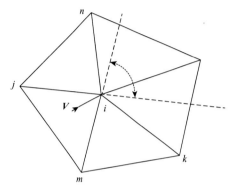

图 5-1　节点 i 的上流有限单元 ijm 的判定

若节点 i 处的空间电荷迁移速度 V 与向量 $\overline{mi}$ 和 $\overline{ji}$ 的夹角都小于 $90°$，则该三角形单元 ijm 为节点 i 的上流有限单元。符合这个条件的电荷运动方向限制在图 5-1 中的虚线区域，即 $\overline{mi}$ 和 $\overline{ji}$ 延长线所围成的区域，这时满足如下关系：

$$\begin{cases} b_j V_x + c_j V_y \leqslant 0 \\ b_m V_x + c_m V_y \leqslant 0 \end{cases} \tag{5-1}$$

式中：b 和 c 为节点坐标的函数，且

$$\begin{cases} b_i = y_j - y_m \\ b_j = y_m - y_i \\ b_m = y_i - y_j \end{cases} \tag{5-2}$$

$$\begin{cases} c_i = x_m - x_j \\ c_j = x_i - x_m \\ c_m = x_j - x_i \end{cases} \tag{5-3}$$

在离子流场迭代计算中，不同迭代步时节点空间电荷密度和电场强度都不一样，这会导致节点电荷迁移速度 V 的方向在迭代计算过程中发生变化，同一节点的上流有限单元在不同求解迭代步时并不固定，因此节点的上流有限单元必须在每一步的计算中动态求得。

5.1.2　空间电荷密度更新

将式（2-3）和式（2-4）分别代入式（2-5）和式（2-6）可得

$$\nabla \rho^+ \cdot V^+ = -\frac{k^+}{\varepsilon_0} \rho^{+2} + \left(\frac{k^+}{\varepsilon_0} - \frac{R_{\text{ion}}}{e} \right) \rho^+ \rho^- \tag{5-4}$$

$$\nabla \rho^- \cdot \boldsymbol{V}^- = -\frac{k^-}{\varepsilon_0} \rho^{-2} + \left(\frac{k^-}{\varepsilon_0} - \frac{R_{\mathrm{ion}}}{e} \right) \rho^+ \rho^- \tag{5-5}$$

式中：

$$\boldsymbol{V}^+ = k^+ \boldsymbol{E} + \boldsymbol{W} \tag{5-6}$$

$$\boldsymbol{V}^- = -k^- \boldsymbol{E} + \boldsymbol{W} \tag{5-7}$$

节点电荷密度在其上流有限单元内进行求解。单元内部任意一点的电荷密度可以由三角形单元的三个节点电荷密度线性插值得到，即

$$\rho(x, y) = N_i \rho_i + N_j \rho_j + N_m \rho_m = [N][\rho] \tag{5-8}$$

于是电荷密度关于坐标的偏导数可以表示为

$$\begin{cases} \dfrac{\partial \rho}{\partial x} = \left[\dfrac{\partial N}{\partial x} \right][\rho] = \dfrac{1}{2\varDelta}(b_i, b_j, b_m)[\rho] \\ \dfrac{\partial \rho}{\partial y} = \left[\dfrac{\partial N}{\partial y} \right][\rho] = \dfrac{1}{2\varDelta}(c_i, c_j, c_m)[\rho] \end{cases} \tag{5-9}$$

式中：$\varDelta$ 为三角形单元 ijm 的面积。

节点 i 处，正极性电荷密度 ρ_i 满足方程

$$\begin{aligned} \nabla \rho_i^+ \cdot \boldsymbol{V}_i^+ &\approx \frac{\partial \rho}{\partial x} V_x^+ + \frac{\partial \rho}{\partial y} V_y^+ \\ &= \frac{1}{2\varDelta}(b_i \rho_i^+ + b_j \rho_j^+ + b_m \rho_m^+) V_x^+ + \frac{1}{2\varDelta}(c_i \rho_i^+ + c_j \rho_j^+ + c_m \rho_m^+) V_y^+ \end{aligned} \tag{5-10}$$

同时，电荷密度满足方程

$$\nabla \rho_i^+ \cdot \boldsymbol{V}_i^+ = -\frac{k_i^+}{\varepsilon_0} \rho_i^{+2} + \left(\frac{k_i^+}{\varepsilon_0} - \frac{R_{\mathrm{ion}}}{e} \right) \rho_i^+ \rho_i^- \tag{5-11}$$

由式（5-10）和式（5-11）可得节点 i 处电荷密度 ρ_i 满足等式

$$A\rho_i^{+2} + B\rho_i^+ + C = 0 \tag{5-12}$$

式中：

$$\begin{cases} A = \dfrac{k_i^+}{\varepsilon_0} \\ B = \dfrac{b_i V_x^+ + c_i V_y^+}{2\varDelta} - \left(\dfrac{k_i^+}{\varepsilon_0} - \dfrac{R_{\mathrm{ion}}}{e} \right) \rho_i^- \\ C = \dfrac{(b_j V_x^+ + c_j V_y^+) \rho_j^+}{2\varDelta} + \dfrac{(b_m V_x^+ + c_m V_y^+) \rho_m^+}{2\varDelta} \end{cases} \tag{5-13}$$

解一元二次方程（5-12），取较大解作为节点 i 处的电荷密度，这样可以满足沿电荷运动方向下方区域电荷密度小于源电荷密度值，符合物理事实。

用有限元法求解电磁场定解问题需要先将其转化为等价的变分问题。以一个齐次第一类边界条件的 Poisson 方程为例。

泛定方程：

$$\nabla^2 \varphi = -\frac{\rho}{\varepsilon} \qquad (5\text{-}14)$$

定解条件：

$$\varphi|_S = 0 \qquad (5\text{-}15)$$

式中：φ 的定义域为 V；S 为定义域 V 的闭合边界。

可以证明，该泛定方程必与下列变分问题等价，且有唯一解：

$$F(\varphi) = \iint_V \left[\varepsilon \left(\frac{\partial \varphi}{\partial x} \right)^2 + \varepsilon \left(\frac{\partial \varphi}{\partial y} \right)^2 - 2\rho\varphi \right] \mathrm{d}x \mathrm{d}y = \min \qquad (5\text{-}16)$$

有限元法是将连续场域通过剖分离散成有限个数的单元，在平面二维场问题中常用三角形单元和四边形单元来剖分，在每个单元内把电位的函数用插值多项式近似表示。假如整个计算场域划分成 m 个单元，则单元 e 中任意点的电位用单元各顶点处电位的函数表示为

$$\tilde{\varphi} = \sum_{i=1}^{n_0} N_i^e \varphi_i \qquad (5\text{-}17)$$

式中：n_0 为剖分单元的顶点数；N_i^e 为单元形状函数；φ_i 为单元中各个顶点的电位值。对于二维轴对称模型，变分问题在单元 e 内的区域可以用式（5-17）表示为

$$F_e(\varphi) \approx F(\tilde{\varphi}) = \frac{1}{2} \int_{S_e} \varepsilon r \left\{ \left[\frac{\partial}{\partial r} \left(\sum_{i=1}^{n_0} N_i^e \varphi_i \right) \right]^2 + \left[\frac{\partial}{\partial z} \left(\sum_{i=1}^{n_0} N_i^e \varphi_i \right) \right]^2 \right\} \mathrm{d}S \qquad (5\text{-}18)$$

在整个计算场域内，变分问题方程可以用式（5-18）表示为

$$F_e(\varphi) \approx F(\tilde{\varphi}) = \sum_{e=1}^{m} F_e(\tilde{\varphi}) = \sum_{e=1}^{m} \frac{1}{2} \int_{S_e} \varepsilon r \left\{ \left[\frac{\partial}{\partial r} \left(\sum_{i=1}^{n_0} N_i^e \varphi_i \right) \right]^2 + \left[\frac{\partial}{\partial z} \left(\sum_{i=1}^{n_0} N_i^e \varphi_i \right) \right]^2 \right\} \mathrm{d}S \qquad (5\text{-}19)$$

式中：e 为整个场域划分的单元总数。

通过积分运算，$F(\tilde{\varphi})$ 实际上是整个场域内所有顶点处电位 φ_i（i 表示从 1 到 m）的函数。基于变分原理，令 $F(\tilde{\varphi})$ 对 φ_i 的导数为 0，则有方程组

$$[\boldsymbol{K}][\varphi] = \boldsymbol{0} \qquad (5\text{-}20)$$

式中：系数矩阵 $\boldsymbol{K}$ 也称为刚度矩阵。利用边界条件，就可以解出各个节点的电位 φ_i，即可得到所需的近似解。

5.1.3　二维上流有限元法的程序实现

本小节采用上流有限元法对离子流场进行计算，认为导线起晕后表面电场强度保持不变（Kaptzov 假设），将导线表面电晕起始电场强度作为离子流场求解收敛条件[7-14]。这里采用迭代方法进行求解，先假定空间各节点电荷密度初值，由 Poisson 方程计算得到各节点电位及电场强度，根据空间各节点电场强度，采用上流有限元电荷密度更新方法计算各点电荷密度；然后根据新的空间电荷密度分布计算得到新的电位及电场强度，

根据导线表面电场强度与电晕起始电场强度的差异更新导线表面电荷密度；最后重新迭代计算，直到满足导线表面电场强度等于电晕起始电场强度及求解场域内各节点电荷密度计算结果基本不变，认为计算达到稳态。

如上所述，直流输电线路离子流场计算达到稳态采用的收敛判据为

$$\frac{|E_{\max} - E_0|}{E_0} = \delta_E < 1\% \qquad (5\text{-}21)$$

$$\frac{|\rho_i(n) - \rho_i(n-1)|}{|\rho_i(n-1)|} = \delta_\rho < 1\% \qquad (5\text{-}22)$$

式中：$E_{\max}$ 为导线表面最大电场强度；E_0 为导线电晕起始电场强度；$\rho_i(n)$ 和 $\rho_i(n-1)$ 分别为第 n 次和第 $n-1$ 次迭代时空间节点 i 处的电荷密度；δ_E 和 δ_ρ 分别为导线表面电场强度和空间节点电荷密度的相对误差。

若计算得到的导线表面电场强度和空间各节点电荷密度不能同时满足收敛判据，则需要对导线表面电荷密度进行修正，即

$$\rho_s(n) = \rho_s(n-1) \times \left(1 + \mu \frac{E_{\max} - E_0}{E_{\max} + E_0}\right) \qquad (5\text{-}23)$$

式中：$\rho_s(n)$ 和 $\rho_s(n-1)$ 分别为第 n 次和第 $n-1$ 次迭代时导线表面节点 s 处电荷密度；μ 为修正因子，这里取 1.2。

程序实现流程图如图 5-2 所示。

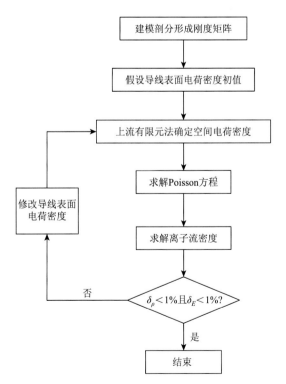

图 5-2 二维上流有限元法实现流程图

5.2 二维上流有限元法的迭代收敛性改进

5.2.1 二维上流有限元法迭代策略的改进及程序实现

上流有限元法的迭代过程中，在求解空间电荷密度时，前后两迭代步之间空间电场强度的少量变化会导致电荷密度的大幅度变化，进而导致在利用 Poisson 方程求解空间电位和电场强度时，结果发生大幅度变化。如果导线表面空间电荷密度初值设置不恰当，很容易导致地面合成电场强度和离子流密度结果在迭代过程中振荡变化而不收敛[15]。本小节引入迭代控制因子，将迭代过程中前后两步的空间电荷密度按比例配合形成新的空间电荷密度，用来求解空间电场强度。该方法可以减小空间电荷密度在迭代过程中的变化程度，防止发生迭代振荡，导线表面及空间电荷密度初始值在很大的范围内变化都能保证迭代过程的收敛。上述控制过程可以用下式来描述，即在上流有限元计算中，采用下式代替原 Poisson 方程求解电位：

$$\nabla^2 \varphi = \frac{(1-\lambda)(\rho_p^- - \rho_p^+) + \lambda(\rho_c^- - \rho_c^+)}{\varepsilon_0} \tag{5-24}$$

式中：λ 为迭代控制因子；ρ_p^+、ρ_p^- 分别为上一步迭代过程中的空间正、负极性电荷密度值；ρ_c^+、ρ_c^- 分别为当前迭代步中根据上流有限元法计算得到的空间正、负极性电荷密度值。采用前后两个空间电荷密度按比例分配形成的新的空间电荷密度。若 $\lambda = 1/4$，则上一步中的空间电荷密度乘 3/4，本次迭代中根据上流有限元法得到的空间电荷密度乘 1/4，两者相加，得到本次迭代过程最终的电荷密度，代入 Poisson 方程可以得到空间电位和电场强度，用于求解下次迭代步中的空间电荷密度。

在迭代过程后期，迭代前后两步中的空间电荷密度和电场强度基本不变，这时，将前后两次空间电荷密度按比例分配形成的新的空间电荷密度与分配前的空间电荷密度基本相同，因此完全可以认为是用实际空间电荷密度来求解空间电位分布，即迭代控制方法不会影响最终迭代收敛结果。

在实际工程离子流场计算过程中，发现迭代因子的引入在提高迭代收敛性的同时也会增加计算迭代步，影响离子流场计算效率。因此，这里提出自适应迭代控制因子，迭代因子的设置随迭代过程中电场强度变化率而变化，可以尽可能地减小迭代因子给计算效率带来的负面影响。迭代控制因子 λ 不再固定不变，而是与前后迭代过程中电场强度的变化程度有关，具体函数关系为

$$\lambda = \frac{-\arctan\left[50\left(\frac{\Delta E}{E} - 0.3\right)\right] + \frac{\pi}{2}}{\pi} \tag{5-25}$$

函数关系如图 5-3 所示。图中：$\Delta E/E$ 为前后两迭代步之间最大电场强度变化率。迭代过程中，若电场强度变化程度剧烈，则迭代因子 λ 自动减小，进而保证迭代过程平稳进行，防止振荡，提高迭代过程收敛稳定性；若电场强度变化程度较小，则迭代因子 λ 自动增大，从而保证迭代过程快速进行，提高迭代过程计算效率。

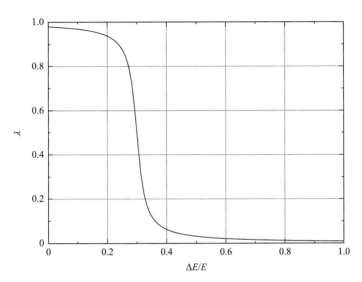

图 5-3　自适应迭代控制因子随最大电场强度变化率的变化关系

5.2.2　同轴圆柱电极模型计算

本小节采用新型二维上流有限元法对同轴圆柱电极离子流场进行计算。因为该模型关于平面对称，所以可以采用二维上流有限元法对该模型进行计算。同轴圆柱电极结构示意图如图 5-4 所示。图中：r_1 为内筒半径，内筒电位为 ϕ_0；r_n 为外筒半径，外筒电位为 0。计算时，取内电极半径 $r_1 =$ 0.1 cm，施加电位 $\phi_0 = 25$ kV，外电极内半径 $r_n =$ 2 cm，施加零电位。该二维模型同时也是轴对称模型，因此模型内部求解区域电位、电场强度和空间电荷密度只是半径 r 的函数，即该模型可以等效成一维问题，存在如下解析解：

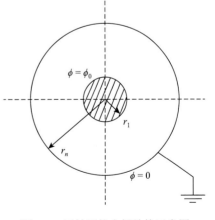

图 5-4　同轴圆柱电极结构示意图

$$E(r) = \frac{k_1}{r} f_1(r) \tag{5-26}$$

$$\rho(r) = \frac{\sqrt{r_1 E_0 \varepsilon_0 \rho_0}}{f_1(r)} \tag{5-27}$$

式中：E_0 为电晕起始电场强度，kV/cm；

$$k_1 = \sqrt{\frac{r_1 \rho_0 E_0}{\varepsilon_0}} \quad (5\text{-}28)$$

定义系数 k_2，k_3：

$$k_2 = \sqrt{\frac{E_0 \varepsilon_0 r_1}{\rho_0}} \quad (5\text{-}29)$$

$$k_3 = \sqrt{k_2^2 - r_1^2} \quad (5\text{-}30)$$

则有

$$f_1(r) = \sqrt{r^2 + k_2^2 - r_1^2} \quad (5\text{-}31)$$

ρ_0 由下述方程隐式确定：

$$\phi_0 = k_1\left(f_1(r_n) - k_2 + k_3\left\{\ln\frac{r_n}{r_1} + \ln(k_3 + k_2) - \ln[k_3 + f_1(r_n)]\right\}\right) \quad (5\text{-}32)$$

本小节采用二维上流有限元法对同轴圆柱电极离子流场进行计算，内筒电极电晕起始电压设置为 17.5 kV，对应的电晕起始电场强度为 5.84×10^6 V/m。图 5-5 将计算结果与解析解进行对比，发现两者完全吻合，证实了改进的上流有限元法的正确性。

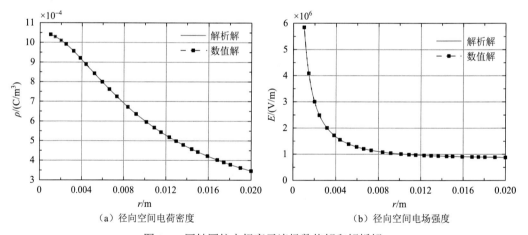

（a）径向空间电荷密度　　　（b）径向空间电场强度

图 5-5　同轴圆柱电极离子流场数值解和解析解

5.2.3　单极直流实验线路

本小节利用单极直流实验线路来验证上流有限元算法的有效性。单极实验线路外加电压 200 kV，线路导线半径 0.25 cm，线路高度 2 m[1]。电晕起始电场强度设为 45.05 kV/cm，离子迁移率设为 1.4×10^{-4} m²/(V·s)。对该条实验线路进行计算，计算结果如图 5-6 所示。

如图 5-6 所示，文献[1]中实验线路地表合成电场强度结果与本小节计算结果差异很小，验证了计算方法的有效性。图中：圆形和三角形分别为风速为 0 m/s 和 8 m/s 时的实验测量结果。计算值与实际测量值有些差异，可能是实验测量时外界环境干扰所致。

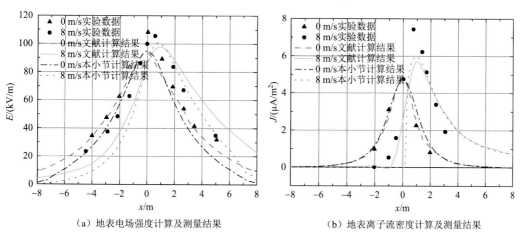

（a）地表电场强度计算及测量结果　　　　（b）地表离子流密度计算及测量结果

图 5-6　单极直流实验线路地表电场强度和离子流密度计算及测量结果

5.2.4　引入迭代因子后算法稳定性验证

对 ±660 kV 双极直流输电线路离子流场进行计算，来讨论迭代收敛控制因子的效果。输电线路具体参数见 5.2.5 小节。收敛控制因子的效果如图 5-7 所示。图中：E_m 为导线表面最大电场强度；E_0 为导线表面电晕起始电场强度。图 5-7（a）中，收敛控制因子为 1/4，导线表面处电荷密度分别设为 1.5×10^{-6} C/m³、2×10^{-6} C/m³、2.5×10^{-6} C/m³ 和 3×10^{-6} C/m³，很明显可以看到，迭代过程都能够快速收敛，并且收敛结果完全一致；而图 5-7（b）中，不采用迭代收敛控制因子，迭代过程均无法收敛，并出现严重的振荡情况。

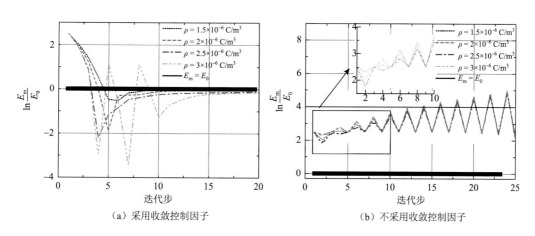

（a）采用收敛控制因子　　　　　　　（b）不采用收敛控制因子

图 5-7　收敛控制因子的效果验证

设导线表面处初始电荷密度为 2×10^{-6} C/m³，讨论收敛因子的改变对迭代过程产生的影响。如图 5-8 所示，当收敛控制因子为 1/4 或 1/6 时，迭代过程收敛，收敛控制因子为 1/2、2/3 或 1（不采用迭代控制方法）时，迭代过程无法收敛。在迭代过程收敛的前提下，收敛因子越小，收敛过程越慢，适当增大收敛因子，可以显著提高计算效率。

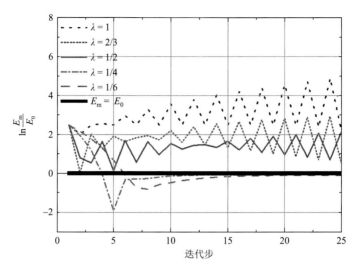

图 5-8   收敛控制因子对迭代过程的影响

上面提到收敛控制因子值的大小影响着迭代收敛性及收敛速度。当控制因子很小（$\lambda = 1/6$）时，迭代过程中电场强度变化幅值很小，收敛过程稳定，但迭代步明显增多，计算时间增长；增加收敛控制因子至 $\lambda = 1/4$，迭代过程同样收敛，并且收敛速度明显加快，然而在迭代过程中，电场强度变化幅值较大，有不收敛的风险。由图 5-8 可以看出：在迭代初期，前后迭代步中电场强度变化程度较大；而在迭代后期，电场强度变化程度很小。通过这样的规律，引入与电场强度变化程度相关的迭代控制因子。采用式（5-25）的控制因子，收敛特性如图 5-9 和图 5-10 所示。图 5-9 表明迭代控制因子随最大电场强

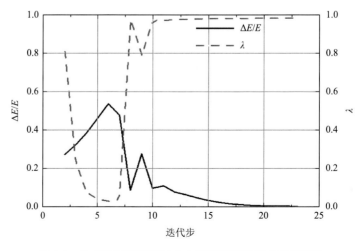

图 5-9   迭代控制因子随最大电场强度变化率自适应变化

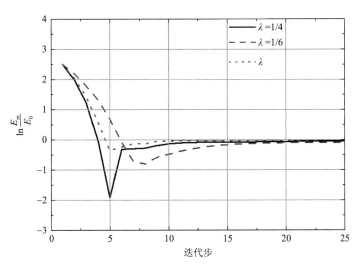

图 5-10　迭代控制因子效果

度变化率的变化情况。在迭代初期（3～7 步），迭代因子自动设置很小，可以保证电场强度变化剧烈时空间电荷密度变化很小，进而减小下一迭代步求解电场强度的变化幅度；在迭代后期，迭代因子自动设置大数值，可以保证迭代过程计算速度。由图 5-10 可以看出，自适应迭代控制因子的引入，既保证了计算稳定性比 $\lambda = 1/4$ 时好，又保证了计算速度比 $\lambda = 1/6$ 时快。

5.2.5　±660 kV 直流输电线路离子流场计算

±660 kV 直流输电线路导线为 6×630/45 钢心铝绞线，六边形布置，分裂间距为 450 mm，地线型号为 LBGJ-150-20AC。典型的单回线路杆塔结构如图 5-11 所示，杆塔的呼称高为 45 m。该杆塔的导、地线悬挂点和平均高度的参数如表 5-1 所示。计算导线周围以及地表处的离子流场。

六分裂导线分裂间距为 450 mm，子导线半径为 1.68 cm，因此等效导线的半径为 35.07 cm。经计算得到分裂导线中子导线表面最大电场强度为 2.018×10^6 V/m，而等效半径导线表面最大电场强度为 5.025×10^5 V/m，设置子导线表面电晕起始电场强度为 18 kV/cm，根据等效导线表面电晕起始电场强度计算公式得到本算例等效导线的表面电晕起始电场强度为 4.584 kV/cm。正、负离子迁移率设为 1.4×10^{-4} m/(V·s)。

针对该计算模型，为了得到该直流输电线路离子流场相关电磁环境指标，设置导线计算高度为导线最低点高度。采用二维改进上流有限元法对该输电线路离子流场进行计算，并在计算中考虑了风速（0～5 m/s 六种风速）对离子流场产生的影响，±660 kV 直流输电线路的地面合成电场强度和离子流密度随风速的变化情况分别如图 5-12 和图 5-13 所示。

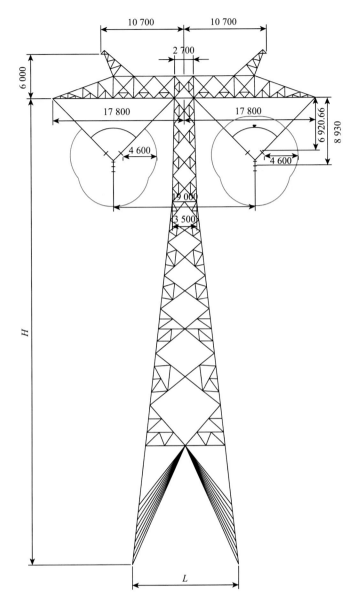

图 5-11 直流单回线路杆塔型图（单位：mm）

表 5-1 双极直流输电线路导线和架空地线参数

项目		参数
架空地线	型号	LBGJ-150-20AC
	外径/mm	15.75
	水平距离/m	21.4
	塔上悬挂高度/m	48.43
	弧垂/m	11

续表

项目		参数
导线	型号	6×LGJ-630/45
	外径/cm	3.36
	分裂间距/mm	450
	极间距离/m	19
	导线塔上悬挂高度/m	33.5
	弧垂/m	16

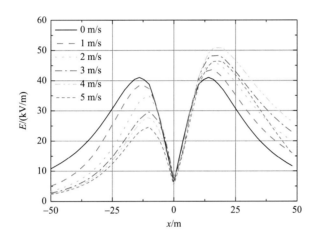

图 5-12　地面合成电场强度随风速变化情况

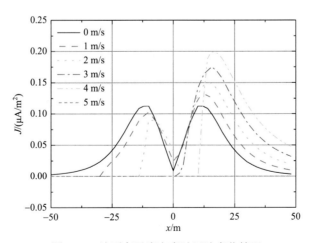

图 5-13　地面离子流密度随风速变化情况

很明显，随着风速的增大，逆风侧地面合成电场强度和离子流密度逐渐减小，而顺风侧的地面合成电场强度和离子流密度逐渐增大。并且当风速增大到一定程度时，逆风侧的合成电场强度减小至某一定值，原因是：当风速很大时，逆风侧的空间电荷都被风吹至顺风侧，空间电荷对逆风侧地表电场强度影响很小，这时，逆风侧的电场强度数值稳定在静电场强度。当风速大于等于 3 m/s 时，逆风侧的地表离子流密度减小至 0，顺风侧地表离子流密度逐渐增大。空间电荷密度分布如图 5-14 所示。很明显，空间电荷受风影响，向顺风侧漂移，同时有一部分空间电荷从极导线发出，运动至地线附近。

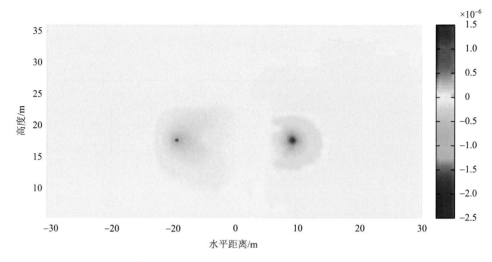

图 5-14   风速为 5 m/s 时对应的空间电荷分布

本章参考文献

[1]   LU T B，FENG H，CUI X，et al. Analysis of the ionized field under HVDC transmission lines in the presence of wind based on upstream finite element method[J]. IEEE Transactions on Magnetics，2010，46（8）：2939-2942.

[2]   SUDA T，SUNAGA Y. Calculation of large ion densities under HVDC transmission lines by the finite difference method[J]. IEEE Transactions on Power Delivery，1995，10（4）：1896-1905.

[3]   TAKUMA T，IKEDA T，KAWAMOTO T. Calculation of ion flow fields of HVDC transmission lines by the finite element method[J]. IEEE Transactions on Power Apparatus and Systems，1981，PAS-100（12）：4802-4810.

[4]   黄国栋，阮江军，杜志叶，等. 直流输电线路下方建筑物附近离子流场的计算[J]. 中国电机工程学报，2012，32（4）：193-198.

[5]   DU Z Y，HUANG G D，RUAN J J，et al. Calculation of the ionized field around the DC voltage divider[J]. IEEE Transactions on Magnetics，2013，49（5）：1933-1936.

[6]　李伟，黎小林，王琦，等. 特高压直流输电线路离子流场计算方法及改进[J]. 陕西电力，2008，36（11）：1-5.

[7]　甄永赞，崔翔，卢铁兵，等. 高压直流输电线下合成电场的有限元快速算法[J]. 中国电机工程学报，2011，31（18）：113-118.

[8]　王东来，卢铁兵，陈博，等. ±1 100 kV 特高压直流输电线路邻近树木时合成电场建模计算与特性研究[J]. 电网技术，2017，41（11）：3441-3447.

[9]　许松枝，汪汛，李敏，等. 考虑风速和导线高度影响的高压直流输电线下离子流场计算[J]. 电力系统及其自动化学报，2016，28（12）：57-63.

[10]　LI W，ZHANG B，ZENG R，et al. Dynamic simulation of surge corona with time-dependent upwind difference method[J]. IEEE Transactions on Magnetics，2010，46（8）：3109-3112.

[11]　王东来. 高压直流输电线路邻近复杂物体时的离子流场特性研究[D]. 北京：华北电力大学，2019.

[12]　乔骥，邹军，袁建生，等. 采用区域分解法与高阶单元的交直流同塔线路混合电场计算[J]. 电网技术，2017，41（1）：335-341.

[13]　邹军，程启问，乔骥，张友富，蒋乐. 高压直流输电线路离子流场计算研究综述[J]. 南方电网技术，2020，14（6）：1-10.

[14]　刘飓风. 特高压直流输电线路电晕起始场强与线下合成电场的研究[D]. 重庆：重庆大学，2014.

[15]　黄国栋. 高压直流绝缘介质空间电荷运动分布仿真研究[D]. 武汉：武汉大学，2014.

第 6 章

三维上流有限元法

6.1　传统三维上流有限元法的理论及算法实现

6.1.1　三维上流有限单元判定

三维上流有限元法通常采用四面体单元对求解区域进行网格剖分。如图 6-1 所示，为了求解节点 m 处的空间电荷密度，需要首先寻找和判断节点 m 的上流有限单元。图中：若与节点 m 相关的四面体单元 $ijkm$ 是节点 m 的上流有限单元，则可以通过节点 i、j、k 处的已知空间电荷密度及节点 m 处的电场强度矢量，计算得到节点 m 处的空间电荷密度。判断与节点 m 相关的四面体单元 $ijkm$ 是否构成上流有限元，需要判断节点 m 处的电荷在电场作用下运动速度矢量反向延长线是否穿过四面体单元 $ijkm$[1-4]。

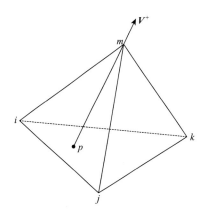

图 6-1　三维上流有限元法求解
场域四面体剖分单元

已知经过空间坐标为 (x_m, y_m, z_m) 的节点 m，方向向量为 (V_x, V_y, V_z) 的直线方程为

$$\frac{x - x_m}{V_x} = \frac{y - y_m}{V_y} = \frac{z - z_m}{V_z} = t \qquad （6-1）$$

设经过 i、j、k 三点的平面方程为（注意系数 a、b、c 可以为 0）

$$ax + by + cz + d = 0 \qquad （6-2）$$

求直线与平面交点 p 的坐标 (x_p, y_p, z_p)：

$$a(x_m + V_x t) + b(y_m + V_y t) + c(z_m + V_z t) + d = 0 \qquad （6-3）$$

先计算得到点 p 的坐标，然后判断点 p 是否在由 i、j、k 三点组成的三角形中。

如图 6-2 所示，S_i、S_j、S_k 和 S 分别为三角形 jkp、kip、ijp 和 ijk 的面积，若 $S = S_i + S_j + S_k$，则点 p 就在三角形 ijk 中，即四面体单元 $mijk$ 是节点 m 的上流有限单元，可以用于求解节点 m 处的电荷密度值[1-3]。

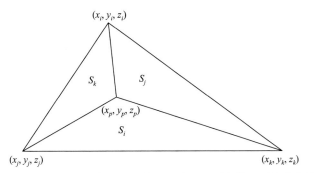

图 6-2　点 m 运动速度矢量反向延长线与四面体单元面交点位置

6.1.2　空间电荷密度更新

与二维上流有限元法一样，在更新空间节点电荷密度时需要寻找该节点处的上流有限单元，结合单元上已知节点电荷密度及该节点处的电场强度，即可计算得到该点处的电荷密度值[5-10]。三维上流有限元法求解离子流场，空间场域采用四面体单元进行剖分，四面体单元中，任意位置的电荷密度可以由四个节点上的电荷密度插值求得：

$$\rho(x,y,z) = N_i\rho_i + N_j\rho_j + N_k\rho_k + N_m\rho_m \tag{6-4}$$

$$N_n^e(x,y,z) = \frac{1}{6V^e}(a_n^e + b_n^e x + c_n^e y + d_n^e z) \quad (n=i,j,k,m) \tag{6-5}$$

式中：V^e 为四面体单元的体积；系数 a_n^e、b_n^e、c_n^e 和 d_n^e 为节点 n 对应的插值函数，由单元的四个节点坐标确定，插值函数的具体形式为

$$\begin{cases}
a_i^e = x_j(y_k z_m - y_m z_k) - x_k(y_j z_m - y_m z_j) + x_m(y_j z_k - y_k z_j) \\
a_j^e = -[x_i(y_k z_m - y_m z_k) - x_k(y_i z_m - y_m z_i) + x_m(y_i z_k - y_k z_i)] \\
a_k^e = x_i(y_j z_m - y_m z_j) - x_j(y_i z_m - y_m z_i) + x_m(y_i z_j - y_j z_i) \\
a_m^e = -[x_i(y_j z_k - y_k z_j) - x_j(y_i z_k - y_k z_i) + x_k(y_i z_j - y_j z_i)] \\
b_i^e = -[(y_k z_m - y_m z_k) - (y_j z_m - y_m z_j) + (y_j z_k - y_k z_j)] \\
b_j^e = (y_k z_m - y_m z_k) - (y_i z_m - y_m z_i) + (y_i z_k - y_k z_i) \\
b_k^e = -[(y_j z_m - y_m z_j) - (y_i z_m - y_m z_i) + (y_i z_j - y_j z_i)] \\
b_m^e = (y_j z_k - y_k z_j) - (y_i z_k - y_k z_i) + (y_i z_j - y_j z_i) \\
c_i^e = (x_k z_m - x_m z_k) - (x_j z_m - x_m z_j) + (x_j z_k - x_k z_j) \\
c_j^e = -[(x_k z_m - x_m z_k) - (x_i z_m - x_m z_i) + (x_i z_k - x_k z_i)] \\
c_k^e = (x_j z_m - x_m z_j) - (x_i z_m - x_m z_i) + (x_i z_j - x_j z_i) \\
c_m^e = -[(x_j z_k - x_k z_j) - (x_i z_k - x_k z_i) + (x_i z_j - x_j z_i)] \\
d_i^e = -[(x_k y_m - x_m y_k) - (x_j y_m - x_m y_j) + (x_j y_k - x_k y_j)] \\
d_j^e = (x_k y_m - x_m y_k) - (x_i y_m - x_m y_i) + (x_i y_k - x_k y_i) \\
d_k^e = -[(x_j y_m - x_m y_j) - (x_i y_m - x_m y_i) + (x_i y_j - x_j y_i)] \\
d_m^e = (x_j y_k - x_k y_j) - (x_i y_k - x_k y_i) + (x_i y_j - x_j y_i)
\end{cases} \tag{6-6}$$

三维上流有限元法中，空间电荷分布同样需要满足离子流场控制方程及其推导变形形式（以正极性空间电荷求解更新为例）：

$$\nabla\rho^+ \cdot V^+ = -\frac{k^+}{\varepsilon_0}\rho^{+2} + \left(\frac{k^+}{\varepsilon_0} - \frac{R_{ion}}{e}\right)\rho^+\rho^- \tag{6-7}$$

与二维上流有限元公式推导类似，对式（6-4）描述的电荷密度求关于坐标的偏微分

并代入式（6-7）中，即可得到关于节点电荷密度的一元二次方程（具体过程不再推导，这里只写结果）：

$$A^+ \rho_m^{+2} + B^+ \rho_m^+ + C^+ = 0 \tag{6-8}$$

式中：

$$A^+ = 6V^e \frac{k^+}{\varepsilon_0} \tag{6-9}$$

$$B^+ = (b_m^e V_x + c_m^e V_y + d_m^e V_z) - 6V^e \left(\frac{k^+}{\varepsilon_0} - \frac{R_{\text{ion}}}{e} \right) \rho_m^- \tag{6-10}$$

$$C^+ = (b_i \rho_i + b_j \rho_j + b_k \rho_k)V_x + (c_i \rho_i + c_j \rho_j + c_k \rho_k)V_y + (d_i \rho_i + d_j \rho_j + d_k \rho_k)V_z \tag{6-11}$$

求解一元二次方程（6-8），取较大解即节点 m 处的电荷密度。负极性空间电荷密度更新公式与正极性类似，这里不再赘述。

6.1.3　三维上流有限元法的程序实现

在对三维模型离子流场进行求解时，需要对三维求解场域进行四面体单元剖分，导线周围电场强度和空间电荷密度变化剧烈区域要求剖分较密以保证求解精度。将节点单元关联信息进行存储，用于寻找上流有限单元，进行电荷密度更新时避免循环判断浪费时间。接下来进入迭代求解环节，首先进行静电场计算，得到空间场域各个节点处的电场强度，然后从导线表面向外依次对每个节点寻找上流有限单元，进行电荷密度更新。根据新的空间电荷密度分布求解 Poisson 方程，根据计算得到的导线表面电场强度修改导线表面电荷密度，并进行空间场域内电荷密度的再一次更新。上述步骤迭代进行，直到满足导线表面电场强度等于电晕起始电场强度（相对误差小于固定值）且空间场域内节点电荷密度值基本不变，则认为迭代求解结束，这时场域内空间电荷密度分布即离子流场分布。上述程序实现过程流程图如图 6-3 所示。

需要强调的是，与二维上流有限元法求解平面对称模型不同，三维求解场域剖分与二维模型相比会多形成两个 Newman 边界条件。与这两个边界面相邻单元上的节点电荷密度进行更新时，节点电场强度可能会存在垂直于边界面的法向量（理论上边界面上电场强度的法向分量应该为0），电场强度计算误差造成的边界面节点法向分

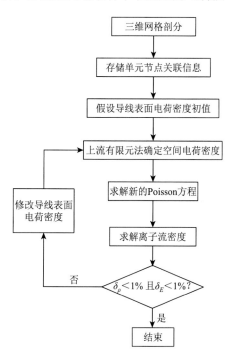

图 6-3　三维上流有限元法计算流程图

量不为 0 会导致该节点因不能找到上流有限单元而无法进行电荷密度更新。这时，需要在程序实现的过程中，强制这些边界面上的电场强度法向分量为 0 来保证节点可以找到上流有限单元。通过对 Newman 边界面上的节点电场强度法向分量进行修正可以避免求解误差带来的错误。

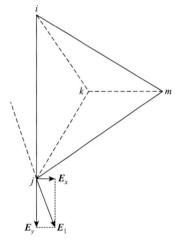

图 6-4 Newman 边界条件上的四面体单元节点电场强度修正图

在利用三维上流有限元法求解离子流场的过程中，仍采用第 5 章改进上流有限元法提出的自适应迭代控制因子，求解新的 Poisson 方程，可以提高迭代过程的收敛稳定性。

如图 6-4 所示，单元 *ijkm* 为 Newman 边界上的一个四面体单元，其中三角形 *ijk* 位于 Newman 边界面上。理论上讲，Newman 边界面上电场强度法向分量应为 0，但是由于计算误差，求解 Poisson 方程得到的节点 *j* 处电场强度 E_1 存在法向分量 E_x。该节点处电荷运动速度矢量的反向延长线上并无四面体单元，因此无法进行电荷密度更新，而实际上四面体单元 *ijkm* 即该节点的上流有限单元，E_y 为 E_1 在 Newman 边界面上的切向分量，为修正后的电场强度，这种处理方法可以避免 Newman 边界面上节点无法寻找到上流有限单元。

6.2 新型三维上流有限元法的理论及算法实现

6.2.1 新型上流有限单元的寻找策略及程序实现

传统上流有限元法程序中，常采用堆栈法实现每次迭代时上流有限单元的判断和空间电荷密度的更新，主要思路是：构成两个存储单元节点编号的栈 A 和栈 B，栈 A 中存放已知电荷密度节点编号，栈 B 中存放节点电荷密度更新完成后的节点编号。不断将栈 A 内部节点与栈内其他节点逐一比较判断是否构成上流有限单元。但这种电荷密度更新方法仅适合于单元节点数目较少的简单模型，如果求解模型比较复杂，为了保证计算精度，单元节点剖分数目很多，栈 A 内会存放大量的已知电荷密度节点（即使那些周围节点电荷密度都已知的节点被剔除出去后），因此这种栈内循环判断的方法会浪费大量的时间[11]。

本小节将采用新型上流有限单元寻找策略，因为在整个电荷密度更新的过程中，单元节点信息固定不变，所以在模型剖分结束后，形成单元、节点关联信息矩阵。同样建立栈 A，内部存放已知电荷密度的节点编号，循环判断栈 A 中元素（假设为节点 *i*）所在的单元内其他节点的电荷密度是否已知。若 *i* 所在的单元内部有三个节点电荷密度已知，则对第四个未知电荷密度的节点进行判断；若该单元是第四个节点的上流有限单元，则对其电荷密度进行求解。假设栈 A 内有 n 个已知电荷密度节点，传统方法寻找上流有限单元时，要实现点 i 与栈内其他元素逐一比较，需循环判断 $(n-2)!$ 次，而新型上流有限单元寻找策略中，只需要找出节点 i 所在单元，判断是否构成单元内其他节点的上流有限单元，即循环判断 m 次（m 为包含节点 i 的单元数）。很明显，这种方法能够显著提高电荷密度更新速度，并且在三维模型中效果更加显著。新型上流有限单元寻找策略流程图如图 6-5 所示。图中：栈 A 数组中存放已知电荷密度的节点编号；栈 B 数组中存放电荷密度更新后的节点编号；nelem_yes 为单元内所有节点电荷密度都已知的单元数量；nelem 为总单元数目。

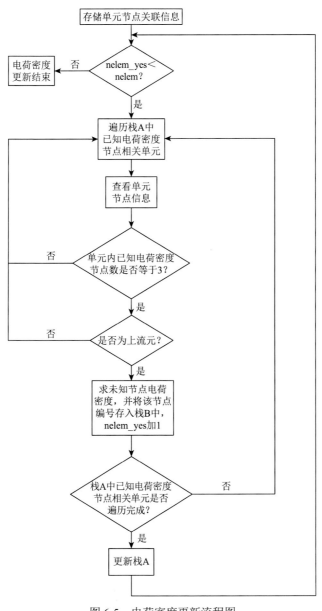

图 6-5　电荷密度更新流程图

6.2.2　二维模型中计算结果对比与分析

本小节采用同轴圆柱电极离子流场计算算例（平面对称模型采用二维建模）研究新型上流有限单元寻找策略在二维离子流场计算中的效果。为了验证新型上流有限单元寻找策略在提高计算速度方面的效果，采用不同

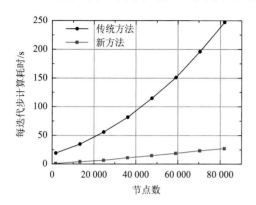

剖分密度来剖分该二维模型。剖分密度等级从节点数为 1 500 逐渐增加至节点数为 82 000，分别采用传统方法和新方法进行计算，比较每迭代步计算所需时间。由图 6-6 中可以看出，新型上流有限单元寻找方法向比传统方法计算速度得到显著提高，并且随着剖分节点的不断增多，传统方法每迭代步耗时呈指数增加，远远大于新型方法计算耗时。而新方法每迭代步耗时保持线性增长，新方法计算速度优势更加明显。

图 6-6　不同二维上流有限单元寻找
策略每迭代步计算耗时比较

6.2.3　三维模型中计算结果对比与分析

本小节采用三维上流有限元法对同轴圆柱电极离子流场进行计算。采用不同剖分密度等级的三维模型（为了验证新型上流有限单元寻找策略的效果，这里采用最高 87 523 个节点来剖分同轴圆柱简单模型），分别用传统方法和新方法寻找上流有限单元，进行节点电荷密度更新，比较每迭代步计算所需时间。由图 6-7 可以看出，当模型剖分节点不足 20 000 时，两种更新方法每迭代步耗时差别不大，新型上流有限单元寻找策略效果并不明显。但随着剖分节点不断增大，传统方法每迭代步耗时呈指数增加，并且远远大于新方法计算耗时，证明了新型上流有限单元寻找策略用于三维大规模离子流场计算时存在的优势。

计算结果表明，不管是对二维简化模型还是对三维模型离子流场求解，随着剖分密度的增加，电荷密度更新耗时（在每迭代步计算耗时中占比最大）也随之增加。新型上流有限单元寻找策略相比传统方法，能极大地提高电荷密度更新效率，且在三维模型中，新方

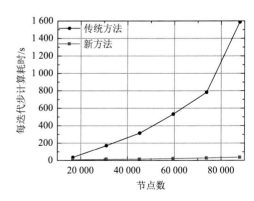

图 6-7　不同三维上流有限元
寻找策略耗时比较

法对计算效率的提高更加显著，这说明新型上流有限单元寻找策略适用于三维大规模离子流场求解应用，且随着场域剖分节点数目的增多，其效果更明显。

6.2.4　直流输电线路下方房屋附近合成电场计算

1. 模型构建

本小节采用三维上流有限元法计算输电线路下方有房屋的情况下，地面以及房屋表面处的合成电场强度，并研究风速对合成电场强度的影响。华北电力大学甄永赞等[2]在中国电力科学研究院北京特高压实验基地搭建了直流模拟实验线路，并进行了相关实验。实验线段正、负极导线型号为 LGJ-95，线段对地高度为 2.1 m，双极导线间距为 2.2 m。铁板制成的房屋模型高 0.5 m，宽 1 m，长 2 m，放置在距离正、负极中心 4 m 的位置，房屋模型长边与极导线平行，中心线在极导线弧垂最低点处的垂线上[11]。实验过程分为两个阶段：第一阶段，将房屋模型放置在直流模拟实验线段下方靠近正极导线一侧的地面上，将正、负极导线升压至 ±100 kV，测量其下方地表合成电场强度以及房屋模型顶部的合成电场强度；第二阶段，将房屋模型放置在直流模拟实验线段下方靠近负极导线一侧的地面上，将正、负极导线升压至 ±120 kV，再次对直流模拟实验线段下方地面合成电场强度及房屋模型顶部的合成电场强度进行测量。实验方案如图 6-8 所示。

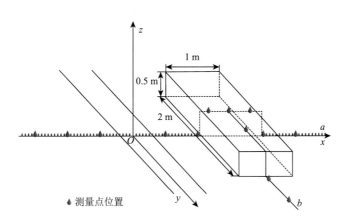

图 6-8　实验方案图

考虑房屋模型的直流输电线路离子流场求解模型的详细参数：实验线段为双极导线（无地线）、水平排列；线路电压为 ±100 kV（只考虑房屋模型在正极导线一侧的地面上）；导线均为单根钢心铝绞线，导线半径为 1.5 cm；两导线距地面高度为 2.1 m；两导线距离为 2.2 m；房屋高度为 0.5 m，宽为 1 m，长为 2 m，位于距离轴线 4 m

处；外包空气半径为 10 m。建立模型如图 6-9 所示（导线外有一层外包空气体用于控制单元剖分）。

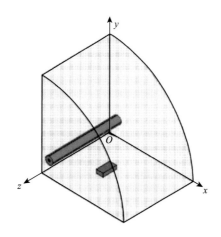

图 6-9　房屋附近离子流场计算半模型

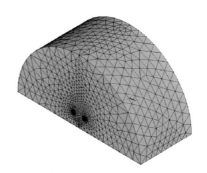

图 6-10　房屋附近离子流场计算
模型三维剖分图

采用三维上流有限元法对上述双极直流实验线段下方房屋附近的合成电场强度进行计算，为了保证计算区域边界处不受房屋影响，取 10 m 长线路进行计算，忽略实验线路弧垂的影响。由于导线和空气关于 y 轴对称，仅需要建立一半的模型，剖分后再将导线和空气的单元节点对称映射到另外一侧（对称的单元节点剖分模型更有利于迭代收敛，映射到 y 轴对面的房屋体节点并不耦合加载电位），求解场域剖分结果如图 6-10 所示。

对上述模型按实际情况进行加载：正极导线加 100 kV 电位，负极导线加–100 kV 电位，房屋表面、地面以及外包空气边界均施加零电位。在计算过程中，需要在导线横截面所在边界面上强制添加电场强度法向分量为 0，来保证边界面上节点可以找到上流有限单元。通过对 Newman 边界面上的节点电场强度法向分量进行修正可以避免电场强度求解误差带来的错误。

2. 合成电场计算

图 6-11 为房屋模型放置在直流模拟实验线段附近靠近正极导线一侧水平测量路径 a 上的计算以及测量结果；图 6-12 为房屋模型上面垂直测量路径 b 上的计算以及测量结果。图中：直线描绘的是本小节计算结果，原点代表实验测量值。图 6-13 为房屋屋顶表面合成电场强度。由图 6-11 和图 6-12 可以看出，地面和房屋附近合成电场强度计算结果与实验测量值比较接近。这说明上流有限元法能够有效地处理直流输电线路附近存在建筑物情况下的离子流场计算。

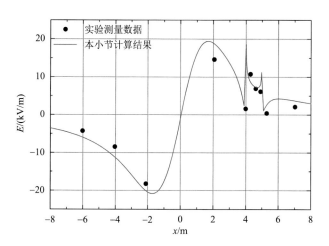

图 6-11 水平测量路径上的电场强度

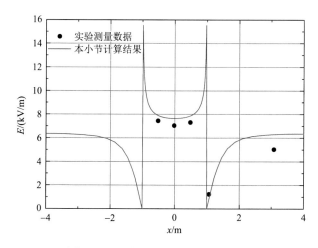

图 6-12 垂直测量路径上的电场强度

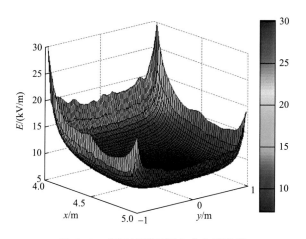

图 6-13 房屋屋顶表面合成电场强度

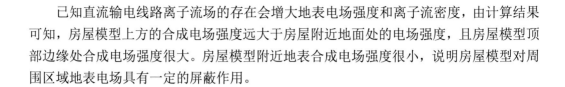

已知直流输电线路离子流场的存在会增大地表电场强度和离子流密度，由计算结果可知，房屋模型上方的合成电场强度远大于房屋附近地面处的电场强度，且房屋模型顶部边缘处合成电场强度很大。房屋模型附近地表合成电场强度很小，说明房屋模型对周围区域地表电场具有一定的屏蔽作用。

3. 风速对离子流场的影响

上流有限元法的优越性不仅体现在可以求解复杂结构模型的离子流场问题，还能够处理风速对空间离子流场的影响。同样针对上述双极直流实验线段，将房屋模型放置在正极导线一侧，距离正、负极中心 4 m 的位置，外加 ± 100 kV 电压，考虑风速影响，计算房屋模型附近的合成电场强度，分析房屋附近合成电场强度随风速变化的关系。施加 x 正方向上的风速，风速分别为 0 m/s、2 m/s、4 m/s、6 m/s 和 8 m/s。地表和房屋顶部合成电场强度计算结果如图 6-14 所示。

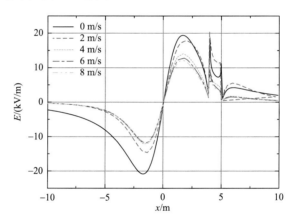

图 6-14　风速对带房屋模型的双极直流实验线路下方地表合成电场强度的影响

研究表明，直流输电线路下方的合成电场强度受风速影响很大，逆风侧的合成电场强度随风速增大而减小，顺风侧的合成电场强度随风速增大而增大，且当风速增大到一定程度时，地表合成电场强度因空间离子浓度的减小而逐渐减小并趋于标称电场强度。然而附近有建筑物存在时的直流输电线路下方离子流场受风速的影响却有所不同，线路逆风侧因远离房屋，其受风速影响变化规律符合之前的讨论。在线路顺风一侧，房屋上方以及远离线路和房屋的区域，合成电场强度随风速的增大先增大后减小，并趋于稳定。但线路中心和房屋之间的区域，合成电场强度随风速的增大反而减小，并趋于稳定。研究结果表明，有风存在情况下，房屋对直流输电线路下方空间离子的运动起到一定的屏蔽作用。当风速从 0 m/s 开始增大时，房屋抑制了线路中心与房屋之间的区域上方空间电荷的增多，所以风速为 2 m/s 时该处合成电场强度略小于风速为 0 m/s 时对应的合成电场强度，而当风速继续增大时，因为空间电荷浓度的减少，地表合成电场强度逐渐减小并趋于标称电场强度。

本章参考文献

[1] 黄国栋，阮江军，杜志叶，等. 改进三维上流有限元法计算特高压直流线路离子流场（英文）[J]. 中国电机工程学报，2013，33（33）：152-159.

[2] 甄永赞. 高压直流输电线路离子流场的高效数值方法及其应用的研究[D]. 北京：华北电力大学，2012.

[3] WANG D L，LU T B，CUI X，et al. Electric field calculation on residential houses near UHVDC lines using 3D reconstruction method[J]. CSEE Journal of Power and Energy Systems，2019，5（4）：524-532.

[4] 王东来，卢铁兵，陈博，等. ±1 100 kV 特高压直流输电线路邻近树木时合成电场建模计算与特性研究[J]. 电网技术，2017，41（11）：3441-3447.

[5] HAO L M，XIE L，BAI B，et al. High effective calculation and 3D modeling of ion flow field considering the crossing of HVDC transmission lines[J]. IEEE Transactions on Magnetics，2020，99：1-5.

[6] MA X Q，XIE L，HE K，et al. Research on 3D total electric field of crossing high voltage direct current transmission lines based on upstream finite element method[J]. High Voltage，2020，6（4）：1-4.

[7] 甄永赞，崔翔，罗兆楠，等. 直流输电线路三维合成电场计算的有限元方法[J]. 电工技术学报，2011，26（4）：153-160.

[8] WANG D L，LU T B，LI Q Y，et al. 3-D electric field computation of steeple rooftop houses near HVDC transmission lines[J]. IEEE Transactions on Magnetics，2017，53（6）：1-4.

[9] 王东来. 高压直流输电线路邻近复杂物体时的离子流场特性研究[D]. 北京：华北电力大学，2019.

[10] WANG D L，LU T B，LI Q Y，et al. 3-D electric field computation with charge simulation method around buildings near HV transmission lines[C]. 2016 IEEE Conference on Electromagnetic Field Computation，2017：1-6.

[11] 黄国栋. 高压直流绝缘介质空间电荷运动分布仿真研究[D]. 武汉：武汉大学，2014.

第 7 章

瞬态上流有限元法

7.1　二维轴对称上流有限元法的算法实现

7.1.1　数学模型

电晕电荷在电场力的作用下会向空气介质中运动，并弥漫整个空间。空间电荷的运动过程需同时满足 Poisson 方程和电流连续性方程。因此，瞬态离子流场求解控制方程描述如下[1]：

$$\nabla \cdot [-\varepsilon_0 \nabla \varphi(t)] = \rho(t) \tag{7-1}$$

$$\boldsymbol{J}^+(t) = \rho^+(t)[-k^+ \nabla \varphi(t) + \boldsymbol{W}(t)] \tag{7-2}$$

$$\boldsymbol{J}^-(t) = \rho^-(t)[-k^- \nabla \varphi(t) - \boldsymbol{W}(t)] \tag{7-3}$$

$$\frac{\partial \rho^+(t)}{\partial t} + \nabla \cdot \boldsymbol{J}^+(t) = -\frac{R_{\text{ion}}}{e} \rho^+(t)\rho^-(t) \tag{7-4}$$

$$\frac{\partial \rho^-(t)}{\partial t} - \nabla \cdot \boldsymbol{J}^-(t) = -\frac{R_{\text{ion}}}{e} \rho^+(t)\rho^-(t) \tag{7-5}$$

$$\rho(t) = \rho^+(t) - \rho^-(t) \tag{7-6}$$

$$\boldsymbol{J}(t) = \boldsymbol{J}^+(t) - \boldsymbol{J}^-(t) \tag{7-7}$$

式中：ρ 为空间电荷密度，C/m^3；φ 为电位，V；$\boldsymbol{J}$ 为离子电流密度，A/m^2；k 为离子迁移率（常数），$\text{m}^2/(\text{V·s})$；$\boldsymbol{W}$ 为风速，m/s；R_{ion} 为离子复合系数；上标+、−分别代表正、负电荷。

考虑空间存在绝缘介质时离子流场的求解与输电线路离子流场求解的不同在于：输电线路附近空间直流离子流场中，仅存在空气一种介质，空间电荷的分布与计算点和导线位置的距离相关，具有连续变化的特点，在求解场域边界（大地或有限大外包空气边界）上，空间电荷可以持续运动，不会积累。考虑绝缘介质的存在，空气和绝缘介质交界面上会存在空间电荷积聚，因此需要采用合理的方法对空气和绝缘介质交界面上电荷边界条件进行设置，以模拟电场力作用下空间电荷在绝缘介质表面上的积聚效应。

7.1.2　算法描述

对于 Poisson 方程，方程中对电位的梯度求散度，含有二阶偏微分算子∇^2，该微分算子在不同坐标系中表达形式也各不相同。对于电流连续性方程，对该控制方程进行变换可以得到关于电荷密度的求解公式：

$$\nabla \rho^+ \cdot \boldsymbol{V}^+ = -\frac{k^+}{\varepsilon_0} \rho^{+2} + \left(\frac{K^+}{\varepsilon_0} - \frac{R_{\text{ion}}}{e} \right) \rho^+ \rho^- \tag{7-8}$$

该控制方程中对电荷密度求梯度，只含有一阶偏微分算子∇。两种算子在直角坐标系和圆柱坐标系上的表达式如表 7-1 所示。

表 7-1　梯度和 Laplace 算子的表达式

运算符号	直角坐标 xyz	圆柱坐标 rαz
$\mathrm{grad}\varphi(\nabla\varphi)$	$e_x\dfrac{\partial\varphi}{\partial x}+e_y\dfrac{\partial\varphi}{\partial y}+e_z\dfrac{\partial\varphi}{\partial z}$	$e_r\dfrac{\partial\varphi}{\partial r}+e_\alpha\dfrac{1}{r}\dfrac{\partial\varphi}{\partial\alpha}+e_z\dfrac{\partial\varphi}{\partial z}$
$\mathrm{divgrad}\varphi(\nabla^2\varphi)$	$\dfrac{\partial^2\varphi}{\partial x^2}+\dfrac{\partial^2\varphi}{\partial y^2}+\dfrac{\partial^2\varphi}{\partial z^2}$	$\dfrac{1}{r}\dfrac{\partial}{\partial r}\left(r\dfrac{\partial\varphi}{\partial r}\right)+\dfrac{1}{r^2}\dfrac{\partial^2\varphi}{\partial\alpha^2}+\dfrac{\partial^2\varphi}{\partial z^2}$

采用上流有限元法求解离子流场主要包括两个步骤：首先，已知空间电荷密度，求解 Poisson 方程，计算得到空间各个节点上的电场强度；其次，根据节点上的电场强度值，结合电流连续性方程变换后的形式（变换过程和坐标系无关）如式（7-8）所示，可以计算得到空间任意一点的电荷密度。在二维轴对称模型中，求解式（7-8）时，由于求解模型关于 z 轴对称，电荷密度与圆柱坐标 a 无关，对电荷密度 ρ 求梯度时，e_a 分量为 0，可以省略。将柱坐标 r、z 用直角坐标 x、y 代替，发现与直角坐标系下的方程形式完全一致，因此求解电流连续性方程采用的上流有限元法可以完全用于求解轴对称模型。

基于上述分析，求解二维轴对称模型离子流场时，首先在柱坐标系下，结合初始空间电荷分布或上一步计算得到的空间电荷密度分布，计算得到空间电位和电场强度；然后在直角坐标系下（实际上与柱坐标系下方程形式一样，只不过用 x、y 坐标表示）利用上流有限元法计算空间电荷密度，上述两个过程迭代进行，直至满足求解结束条件。

7.1.3　二维轴对称上流有限元法的算法验证

本小节采用二维轴对称上流有限元法对三维球壳电极模型离子流场进行计算，内壳电极外半径为 1 mm，施加 10 kV 电位，外球壳半径为 5 mm，施加零电位，内壳电极电晕起始电场强度设为 5.02×10^6 V/m。因为三维球壳电极模型关于 z 轴对称，所以可以简化为二维轴对称模型进行离子流场求解。采用三角形单元进行剖分，共生成 11 340 个单元和 22 951 个节点，剖分结果如图 7-1 所示。图中：path 为求解结果选取路径。图 7-2（a）和（b）分别描绘了从内电极到外电极路径上的电场强度和空间电荷密度，计算结果与解析解吻合得很好，验证了二维轴对称上流有限元法的正确性。

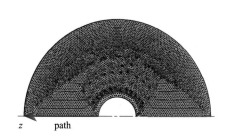

图 7-1　球壳电极二维轴对称
模型剖分示意图

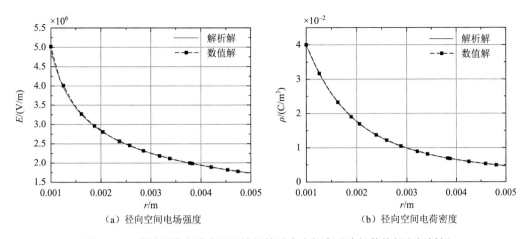

（a）径向空间电场强度　　　　　　　　　　　（b）径向空间电荷密度

图 7-2　二维轴对称上流有限元法计算球壳电极离子流场数值解和解析解

7.2　瞬态上流有限元法的理论及算法实现

7.2.1　瞬态上流有限单元寻找策略

令 $V^+(t) = -k^+\nabla\varphi(t) + W(t)$，$V^-(t) = k^-\nabla\varphi(t) + W(t)$，将式（7-2）和式（7-3）分别代入式（7-4）和式（7-5）中，得到方程

$$\frac{\partial\rho^+(t)}{\partial t} = -V^+(t)\cdot\nabla\rho^+(t) - \frac{k^+}{\varepsilon_0}[\rho^+(t)]^2 + \left(\frac{k^+}{\varepsilon_0} - \frac{R_{\text{ion}}}{e}\right)\rho^+(t)\rho^-(t) \tag{7-9}$$

$$\frac{\partial\rho^-(t)}{\partial t} = -V^-(t)\cdot\nabla\rho^-(t) - \frac{k^-}{\varepsilon_0}[\rho^-(t)]^2 + \left(\frac{k^-}{\varepsilon_0} - \frac{R_{\text{ion}}}{e}\right)\rho^+(t)\rho^-(t) \tag{7-10}$$

图 7-3 所示为空间场域剖分得到的一组三角形单元，节点 i 处电荷密度未知[1]。对节点 i 寻找上流有限单元的方法与第 5 章新型二维上流元法相同，这里不再赘述。在节点 i 处电荷密度同时满足方程

$$\frac{\partial\rho_i^+(t)}{\partial t} = -V_i^+(t)\cdot\nabla\rho_i^+(t) - \frac{k^+}{\varepsilon_0}[\rho_i^+(t)]^2 + \left(\frac{k^+}{\varepsilon_0} - \frac{R_{\text{ion}}}{e}\right)\rho_i^+(t)\rho_i^-(t) \tag{7-11}$$

$$\frac{\partial\rho_i^-(t)}{\partial t} = -V_i^-(t)\cdot\nabla\rho_i^-(t) - \frac{k^-}{\varepsilon_0}[\rho_i^-(t)]^2 + \left(\frac{k^-}{\varepsilon_0} - \frac{R_{\text{ion}}}{e}\right)\rho_i^+(t)\rho_i^-(t) \tag{7-12}$$

图 7-3 表明，三角形单元 ijm 为节点 i 的上流有限单元，因此节点 i 处电荷密度关于位移的偏导数 $\nabla\rho_i$ 近似等于三角形单元 ijm 内电荷密度关于坐标的偏导数 $\nabla\rho_\Delta$。对节点 i 处电荷密度在时间 $t = t_n$ 处进行离散，得到节点电荷密度更新离散格式为

$$\frac{\rho_i^+(t_{n+1}) - \rho_i^+(t_n)}{\Delta t} = -V_i^+(t_n)\cdot\nabla\rho_\Delta^+(t_n) - \frac{k^+}{\varepsilon_0}[\rho_i^+(t_n)]^2 + \left(\frac{k^+}{\varepsilon_0} - \frac{R_{\text{ion}}}{e}\right)\rho_i^+(t_n)\rho_i^-(t_n) \tag{7-13}$$

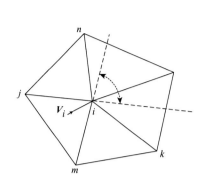

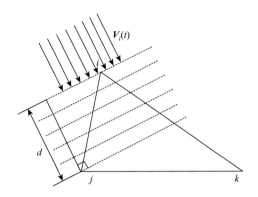

图 7-3　节点 i 附近三角形剖分单元　　　　图 7-4　时间步长约束示意图

$$\frac{\rho_i^-(t_{n+1}) - \rho_i^-(t_n)}{\Delta t} = -V_i^-(t_n) \cdot \nabla \rho_\Delta^-(t_n) - \frac{k^-}{\varepsilon_0}[\rho_i^-(t_n)]^2 + \left(\frac{k^-}{\varepsilon_0} - \frac{R_{\text{ion}}}{e}\right)\rho_i^+(t_n)\rho_i^-(t_n) \qquad (7\text{-}14)$$

式中：ρ_i 为节点 i 处的电荷密度；t_n 和 t_{n+1} 分别为相邻的两个时间步；Δt 为相邻两时间步长；$\nabla \rho_\Delta$ 为三角形单元内电荷密度关于坐标的偏导数。

已知导线表面电荷密度和空间电荷密度分布初值，可以根据瞬态上流有限元法电荷密度更新公式计算得到空间内各节点电荷密度随时间变化的结果。

文献[2]中提到对流-扩散方程差分格式的收敛稳定性受计算时间步长和空间离散单元大小的影响很大。对式（7-13）和式（7-14）表示的显式差分计算格式，时间步长的选取必须保证节点间电荷密度信息的传递速度小于电荷的迁移速度，否则计算过程将发散。

图 7-4 描绘了一阶三角形单元 ijk，在 t 时刻，节点 i 处的空间电荷密度（假设为正值）已知，空间电荷运动速度 $V_i(t) = -k\nabla\varphi(t) + W(t)$ 的方向如图 7-4 所示。d 为节点 i 与节点 j 直线距离在 V_i 方向上的投影。为保证节点 i 与节点 j 之间电荷密度信息的传递速度小于电荷的迁移速度，时间步长的选取必须满足

$$dt \leqslant \frac{d}{|V_i|} \qquad (7\text{-}15)$$

式（7-15）表明，时间步长的设置有最大值的限制。由于空间电荷的存在，空间中每处电场强度和电荷迁移速度都不同。在实际计算过程中，时间步长应该取可能的最小值。在计算直流输电线路瞬态离子流分布时，导线表面电场强度较大，且导线表面附近网格很细，单元尺度很小，因此要求时间步长必须很小；但如果设定固定很小的时间步长，整个求解过程会因求解时间太长而无法进行。

7.2.2　瞬态上流有限元法的程序实现

采用瞬态上流有限元法可以求解电晕电荷在空气介质内的运动分布，通常先假设电晕电极（输电线路离子流场求解时为导线）表面电荷密度值，设置最小时间步长，然后

根据电荷密度更新公式计算得到下一个时间步长内空间各点电荷密度，根据空间节点电荷密度，求解 Poisson 方程得到场域内电场强度分布，最后根据电荷密度更新公式计算得到下一时间步长空间内电荷密度值。上述过程按时间步长推进即可得到每个时间点时空间各处电荷密度和电场强度分布。

　　瞬态上流元法与稳态上流有限元法实现流程的区别在于导线表面电荷密度的更新方式。在稳态上流有限元法实现过程中，迭代过程并不代表着时间的推进，更新导线表面电荷密度是依据其表面电场强度与电晕起始电场强度之间的差异进行修改，直至满足导线表面电场强度收敛于电晕起始电场强度。而瞬态上流有限元法的计算过程描述了空间电荷的运动过程，必须在计算过程初期假设导线表面电荷密度的准确数值。严格说来，瞬态上流有限元法计算离子流场时，需要先假设导线表面电荷密度，然后按照每个步长计算每个时刻空间各点电荷密度分布，直到稳态（空间区域各点电荷密度稳定不变），依据稳态情况下导线表面电场强度与电晕起始电场强度的差异，修改导线表面电荷密度，再根据瞬态电荷密度更新公式对空间电荷密度进行更新求解。但上述过程过于复杂，计算耗时严重。

　　本小节采用在时间子步执行的过程中根据导线表面电场强度与电晕起始电场强度的差异修改导线表面电荷密度的方法。具体实施过程为：与稳态上流有限元法一样，首先假设导线表面电荷密度以及空间电荷密度初始值（这里设为 0，认为电晕之前空间不存在电荷密度，不考虑除电晕放电外的其他空间电荷来源）；然后计算场域空间各节点电场强度，根据导线表面电场强度与电晕起始电场强度的差异，修改导线表面电荷密度；最后根据瞬态电荷密度更新离散格式，计算得到下一时间点时的空间电荷密度。上述过程随时间循环执行，可以得到任意时刻空间各节点电荷密度值。已知认为导线表面电场强度维持在电晕起始电场强度不变的 Kaptzov 假设是建立在空间电荷稳定分布在场域中的基础上。但在电晕放电初期，空间电荷只有逐渐积聚到一定程度才能使导线表面电场强度下降到电晕起始电场强度附近。因此认为在瞬态求解过程中，本小节采用在时间子步执行的过程中逐渐更新导线表面电荷密度的方法是合理的。

　　上述过程用流程图可以表述为图 7-5。

　　需要说明的是，式（5-23）中的修正因子 μ 决定了导线表面电荷密度更新的幅度。修正因子设置过大会造成计算过程振荡或求解错误，这里取 0.6。

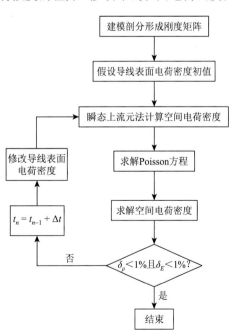

图 7-5　瞬态上流有限元法计算流程图

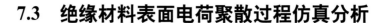

7.3 绝缘材料表面电荷聚散过程仿真分析

7.3.1 绝缘介质表面电荷积聚机理

电晕产生的电荷在绝缘结构表面上积聚，并通过积聚效应和消散效应逐渐达到稳态，最终会影响绝缘结构周围空间电场的分布以及周围空间电荷的运动。如果没有持续的电荷积聚，介质表面电荷会通过体泄漏电流、表面泄漏电流及空气离子中和这三种方式逐渐衰减。由于绝缘材料体电导率和面电导率很小（10^{-16} 数量级以下），电荷的体、面消散效应很小。绝缘介质处于空气中，电荷在空气中的离子中和效应也很小，可忽略不计，这里忽略绝缘介质表面电荷的消散作用。

目前对绝缘材料表面电荷积聚机理主要有三种观点，即体积电导模型、法向电场强度模型和切向电场强度模型。绝缘表面电荷积聚不但与固体介质的材料属性有关，而且与周围气体中的放电有关。对于直流分压器绝缘伞裙介质，其所处环境空气干燥，伞裙表面清洁，表面电导率可以忽略不计，且绝缘伞裙表面并不会发生电晕放电现象，因此本小节采用法向电场强度模型描述绝缘介质表面电荷积聚达到稳态后介质表面的状态：气体介质一侧电极表面发射电子、电极表面突起处或导电微粒引发气体放电产生电荷、气体中自然电离电荷等在电场作用下可漂移至绝缘介质表面，表面积聚电荷产生的电场强度削弱了气固交界面气体一侧的法向电场强度 E_n，到达稳态以后 E_n 减小至 0，介质表面积聚电荷阻止同极性空间电荷的继续积累。

Kumara 等采用对流扩散方程描述电荷在空气介质中的运动，认为空间电荷在电场力的作用下运动至绝缘介质表面，不能再向绝缘介质内部运动，因此电流为 $0^{[1]}$。然而，在空间电荷运动过程中，绝缘介质表面电场强度法向分量根本不可能为 0，只有在介质表面积聚空间电荷到一定程度达到稳态后才会出现 $E_n = 0$ 的边界条件。基于 COMSOL 软件在瞬态求解离子流场的过程中，绝缘介质表面始终施加 $E_n = 0$ 的边界条件，和实际物理过程相违背。对绝缘介质表面电荷积聚过程进行仿真，结果图中描绘的 $t = 1\,500\ \mu s$ 时刻达到稳态后沿绝缘介质表面电荷密度值几乎相等，该仿真结果和实验测量得到的绝缘介质表面电荷密度呈钟形或马鞍形分布的现象并不吻合[3]。

本小节采用表面电荷积聚模型描述空间电荷在绝缘介质表面的积聚效应，认为在绝缘介质表面存在边界条件

$$\frac{\partial \rho_s}{\partial t} = \boldsymbol{n} \cdot \boldsymbol{J} \tag{7-16}$$

$$-\boldsymbol{n} \cdot (\boldsymbol{D}_1 - \boldsymbol{D}_2) = \rho_s \tag{7-17}$$

式中：ρ_s 为绝缘介质交界面上的面电荷密度；$\boldsymbol{n}$ 为绝缘边界单位法向分量，矢量方向指向空气侧；$\boldsymbol{J}$ 为电荷运动产生的离子电流；$\boldsymbol{D}_1$ 和 $\boldsymbol{D}_2$ 分别为空气侧和介质侧的电位移矢量。

空间电荷在电场力的作用下运动形成离子电流，在绝缘介质表面上形成电荷积聚。随着电荷积聚逐渐增多，空气侧电位移矢量逐渐减小至 0。

上述介质表面电荷积聚模型在瞬态上流有限元法程序中的实现过程为：当空间电荷更新至绝缘介质表面时，如图 7-6 所示，在 $t = t_n$ 时刻，节点 i、j、k 电荷密度分别为 ρ_i^n、ρ_j^n、ρ_k^n，在 $t = t_{n+1}$ 时刻，节点 i、j 电荷密度分别为 ρ_i^{n+1}、ρ_j^{n+1}。电荷密度更新至节点 k 时，由节点 k 处电荷迁移方向确定三角形单元 ijk 为节点 k 的上流有限单元。在电场力的作用下，节点 i、j 处电荷会向绝缘介质表面积聚，因此可以认为介质表面 k 处新增电荷密度与节点 i、j 处电荷密度存在近似相等的关系。这时存在两种方法模拟电荷的积聚：①认为节点 k 处新增电荷密度 $\Delta\rho_k^{n+1} = 0.5(\rho_i^{n+1} + \rho_j^{n+1})$；②根据节点 k 处电场强度，以及节点 i、j 处电荷密度，结合稳态上流有限元法电荷密度更新公式，计算得到的电荷密度值即节点 k 处新增电荷密度 $\Delta\rho_k^{n+1}$。第二种方法考虑了电场强度在电荷动态分布时产生的作用，更为准确。本小节采用第二种方法，因此，在 $t = t_{n+1}$ 时刻，节点 k 处电荷密度为 $\rho_k^{n+1} = \rho_k^n + \Delta\rho_k^{n+1}$。

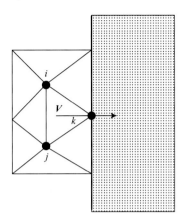

图 7-6　绝缘介质表面电荷积聚示意图

7.3.2　绝缘介质表面电荷积聚模型

Kumara 等[4-6]对针板电极电晕放电电荷在绝缘板上的积聚量进行了测量。聚合物材料绝缘板试品（100 mm×100 mm×2 mm）放置在接地铜板上，距离试品中心 1 mm 高度放置一球形电极（直径 0.95 mm），球形电极施加标准冲击脉冲波形（幅值为 8 kV），持续放电 1 min 后，对极板表面电位进行测量。

本小节建立二维轴对称模型研究针板电极放电电荷运动至绝缘介质表面上的积聚特性。图 7-7（a）和（b）分别描绘了实验布置示意图以及根据实验对象建立的二维轴对称仿真模型图。根据实验结果，距离介质中心 25 mm 处电位为 0，且球电极距离介质板很近，因此为了简化计算只需建立半径为 25 mm 的外包空气作为求解区域外边界即可。对求解模型进行剖分，共生成 11 007 个三角形单元和 5 666 个节点。球电极上施加 8 kV 直流电压，铜板电极平面施加零电位，外包空气边界施加零电位。球电极表面电荷密度与外加电压幅值及波形有关，如果表面电荷设置得很小，随着外加电压持续时间的延续，绝缘介质表面电荷量需要积聚很久才能有效改变介质表面附近电场强度的大小和方向。这里为了快速得到介质表面电荷积聚达到稳态时其表面电场强度法向分量为 0 的效果，设置电极表面电荷密度较大为 0.1 C/m^3。

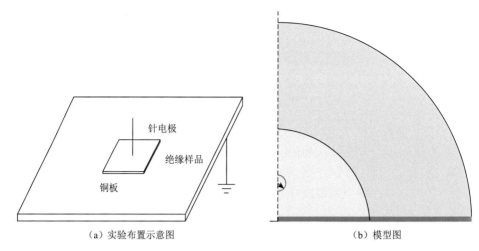

（a）实验布置示意图　　　　　　　　　　　　（b）模型图

图 7-7　针板电极放电实验对象仿真模型图

7.3.3　变步长实现电荷密度更新

针对上述实验模型，关于瞬态上流有限元法求解离子流场时间步长设置说明，金属球电极附近电场强度最大，网格剖分最密，为了保证电荷密度更新差分格式的收敛稳定性，最大时间步长应设置不大于 10^{-8} s。而对于远离金属球电极区域，电场强度很小，空间电荷运动很慢，如果按照上述最大时间步长进行电荷密度更新，需要计算较多时间步，金属球电极表面的电荷才能运动至远离金属球电极区域，显然固定时间步长求解离子流场时计算工作量大，不可取。

采用传统上流有限元法进行空间电荷密度更新时，需要对场域内所有节点寻找上流有限单元并更新电荷密度。然而空间电荷在电场力的作用下运动，电荷到达位置与电荷运动速度和运动时间相关，在求解初期，电荷未到达的区域电荷密度为 0。基于该思想，在空间电荷运动初期，设定固定时间步长 Δt，该时间步长为式（7-15）限定的最小时间步长，进行电荷密度更新时，只需对电荷运动到达区域内单元节点电荷密度进行更新，区域外节点电荷密度无须更新。该方法避免对区域外大量节点进行电荷密度更新，可以有效地提高计算效率。

随着求解时间的持续，空间电荷运动至绝缘介质表面并产生积聚，积聚的表面电荷对介质附近电场强度影响很大，但远离绝缘介质表面区域电场强度受积聚电荷的影响很小，因此空间电场强度变化幅值逐渐减小。以本小节仿真研究对象为例，设固定时间步长 $\Delta t = 8 \times 10^{-9}$ s，则空间场域内节点电场强度变化率最大值随时间变化情况如图 7-8 所示。

由图 7-8 可以发现，外加电压初期，空间电荷在电场力的作用下运动，空间电场强度变化率较大，而随着加压时间的持续，尤其是空间电荷已经运动至绝缘介质表面后，电荷密度变化率减小，空间电场强度变化率也逐渐减小。

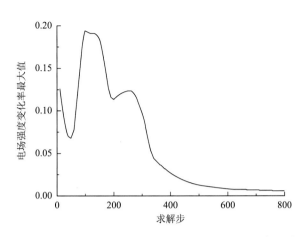

图 7-8 空间场域节点电场强度变化率最大值随时间变化情况

已知电晕电极表面电荷密度固定不变，空间场域内节点电荷密度随求解时间的增加呈单调变化，在瞬态离子流场计算后期，空间场域内电场强度变化幅值逐渐减小，这时适当增大电荷密度更新时间步长并不会造成计算稳定性问题，而对空间电荷密度计算造成的误差可以接受。

综上所述，按照计算过程的初期和后期将时间步长分别设定为固定步长与变步长。计算过程不同时期的划分是以求解场域空间电场强度在前后两计算时间步的变化率的最大值为依据：

$$\Delta t_n = \begin{cases} \mathrm{d}t_{\min}, & (\Delta E / E)_{\max} \geqslant a \\ b \cdot \Delta t_{n-1}, & (\Delta E / E)_{\max} < a \end{cases} \qquad （7\text{-}18）$$

式中：Δt_n 为第 n 步求解时间步长；$\mathrm{d}t_{\min}$ 为所有单元最大时间步长的最小值；$(\Delta E/E)_{\max}$ 为前后两时间步电场强度变化率的最大值；a 为定时间步长到变时间步长过渡判断标准，这里取 0.02；b 为时间步长的增长系数，这里取 1.05；Δt_{n-1} 为第 n–1 步求解时间步长。

7.3.4 仿真结果分析

电晕电荷自球形电极表面发出，在电场力的作用下向空气区域运动，部分电荷会在绝缘介质表面积聚。本小节分别绘制了四个典型时刻求解场域内电场强度云图［图 7-9（a）～图 7-12（a）］、空间电荷密度云图［图 7-9（b）～图 7-12（b）］、介质表面电荷密度分布图［图 7-9（c）～图 7-12（c）］和介质表面电位分布图［图 7-9（d）～图 7-12（d）］。

图 7-9 描绘了空间电荷自电晕电极表面发射短时间内，并未到达绝缘介质表面时的离子流场分布。这时，空间电荷密度最大值为 0.1 C/m³，位于电极表面区域。电场强度最大值为 16.74 kV/mm。因为空间电荷并未到达绝缘介质表面，所以介质表面电荷密度为 0。介质表面电位最大值为 937 V。图 7-10 描绘了空间电荷到达绝缘介质表面不久，其表面积聚了少量电荷时的离子流场分布。这时，空间电荷密度最大值仍为 0.1 C/m³，

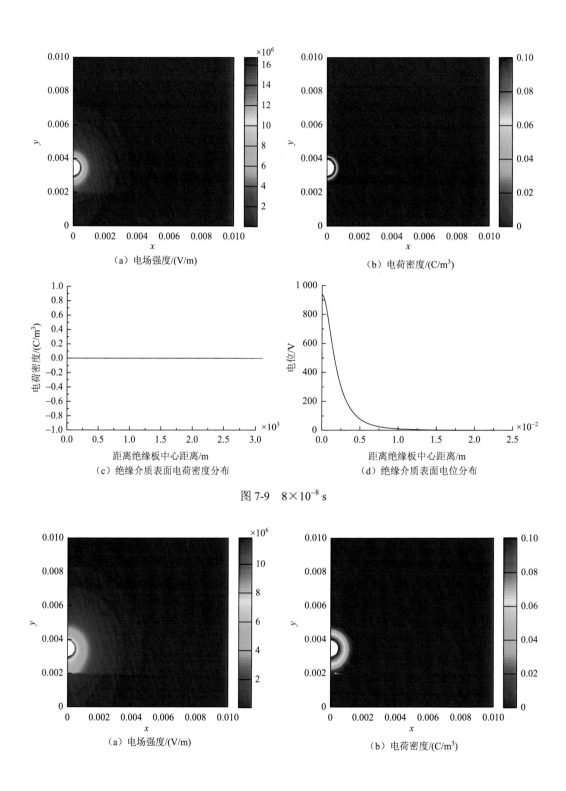

（a）电场强度/(V/m) （b）电荷密度/(C/m³)

（c）绝缘介质表面电荷密度分布 （d）绝缘介质表面电位分布

图 7-9 $8×10^{-8}$ s

（a）电场强度/(V/m) （b）电荷密度/(C/m³)

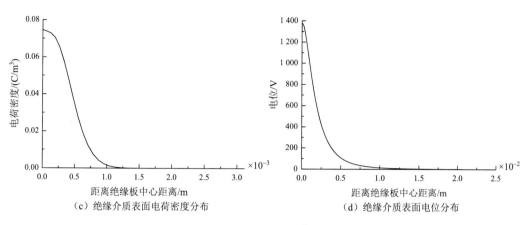

（c）绝缘介质表面电荷密度分布　　　　（d）绝缘介质表面电位分布

图 7-10　5.6×10^{-7} s

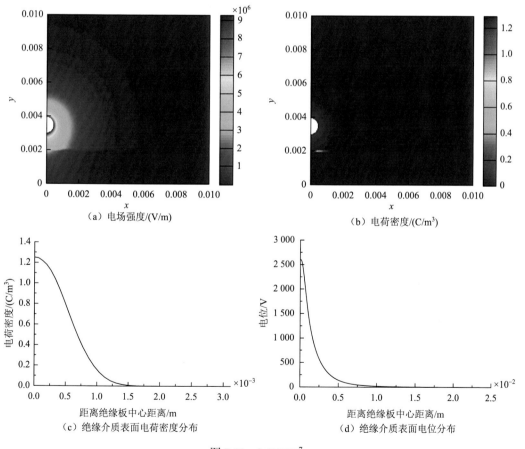

（a）电场强度/(V/m)　　　　　　　（b）电荷密度/(C/m³)

（c）绝缘介质表面电荷密度分布　　　　（d）绝缘介质表面电位分布

图 7-11　9.6×10^{-7} s

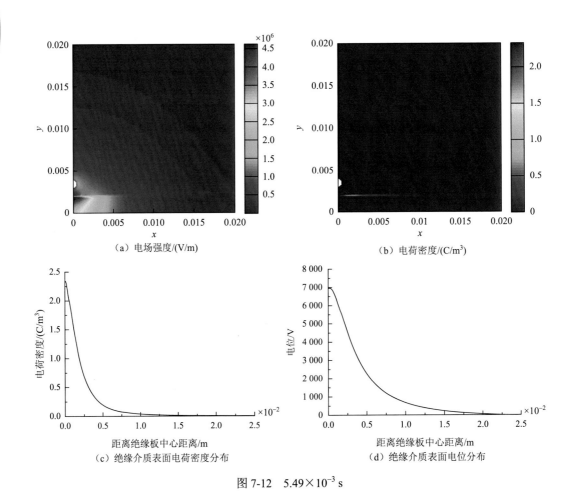

（a）电场强度/(V/m)

（b）电荷密度/(C/m³)

（c）绝缘介质表面电荷密度分布

（d）绝缘介质表面电位分布

图 7-12　5.49×10^{-3} s

位于电极表面区域。电场强度最大值为 11.77 kV/mm。绝缘介质表面积聚了少量的电荷，最大电荷密度为 0.075 C/m³，位于电极正下方处。介质表面电位最大值为 1 380 V。很明显，空间电荷的存在，削弱了电极表面电场强度的大小，增大了绝缘介质表面的电场强度和电位大小。图 7-11 描绘了电荷在绝缘介质表面积聚到一定程度但尚未达到稳态时的离子流场分布图。这时，空间电荷密度最大值为 1.25 C/m³，位于绝缘介质表面电极正下方位置，说明绝缘介质表面积聚了大量的电荷。电场强度最大值为 9.26 kV/mm，介质表面电位最大值为 2 612 V。从电荷密度分布云图中也可以明显看出，绝缘介质表面电荷密度远大于电极表面电荷密度。在绝缘介质表面，随着离绝缘介质中心区域距离的逐渐增大，电荷密度逐渐减小，呈钟形分布。图 7-12 描绘了针板电极空间电荷运动达到稳态时的离子流分布图。这时，空间电荷密度最大值为 2.33 C/m³，位于绝缘介质表面电极正下方位置，绝缘介质表面积聚电荷量达到稳态并不再变化，从电荷分布云图可以清楚看到绝缘介质表面电荷密度分布逐渐延伸至距离介质中心较远区域。电场强度最大值为 4.62 kV/mm，位于绝缘介质内部电极正下方位置，从电场强度分布云图中可以清楚看出，由于绝缘介质表面积聚了大量电荷，这部分电荷产生的电场强度抵消了电极电位作用产生的空间电场强度，因此介质表面区域电场强度基本为 0，而绝缘介质表面电荷在介质内部产生的电场强度的方向与电极电位产生的电场强度方向一致，从而极大地增强了介质内部电场强度。介质表面电位最大值为 6 942 V。

图 7-13 为撤去球电极 1 min 后两种绝缘介质表面电位分布测量结果。

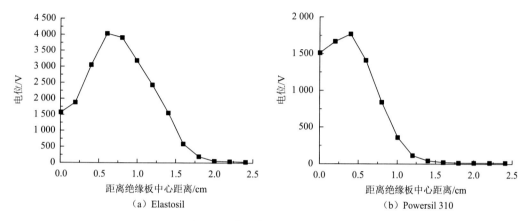

图 7-13　绝缘介质表面电位分布

很明显，不同绝缘材料表面电荷积聚有较大差异，电荷积聚量、消散过程受绝缘介质体电导率、表面电导率等参数影响很大。文献[6]中提到了材料 Powersil 310 的电导率（3.5×10^{-15} S/m）比 Elastosil（6×10^{-16} S/m）高 1～2 个数量级。因此，如图 7-13（b）所示，极板表面电荷密度的快速消散导致了极板表面电位下降很快。仿真过程中并未考虑绝缘介质的电导率，认为电荷运动至绝缘介质表面，不会进入介质内部，并且不会在介质表面切向电场力的作用下发生运动。于是，仿真得到的绝缘介质表面电位、电荷密度呈钟形分布。在对针板电极离子流场仿真时，为了快速得到极板表面电荷密度对空间电场强度影响很大的效果，对电晕电极表面电荷密度值设置得较大，为 0.1 C/m³。实验过程中，施加脉冲电压，电极表面电荷随时间的变化以及电荷在电极表面分布的不均匀性在仿真计算中并没有得到考虑，从而电位幅值仿真结果与实验数据有一定差异。后续工作中，若绝缘介质电导率较大，需考虑电荷在绝缘介质内部及表面的运动，结合介质电导率等参数进行研究。

7.4　直流分压器附近离子流场分析

7.4.1　模型构建

本小节研究对象为某 ±500 kV 直流换流站直流母线分压器，图 7-14（a）为直流分压器的现场照片，图 7-14（b）为其具体尺寸图，标注了均压环、伞裙和上下法兰的实际尺寸[1]。

(a) 直流分压器的现场照片

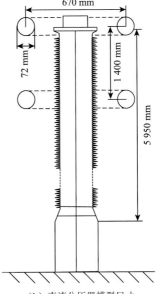

(b) 直流分压器模型尺寸

图 7-14　直流母线分压器

由于直流母线分压器的实际结构比较复杂，对其进行建模计算时，需要进行一些合理的简化，主要采用如下三种简化方法。

（1）不考虑直流分压器高压端母线，只建立母线的高压端口并在仿真中施加高电位反映高压母线的作用，可以建立二维轴对称模型。

（2）不考虑均压环之间的支撑杆，在计算过程中对上、下两均压环均施加高电位，支撑杆对均压环的电位和电场强度没有较大的影响。

（3）下法兰与直流母线支撑架在实际安装中为分离的两部分，由于都是零电位，在建模时把它们进行合并，对电位和电场强度也没有影响。

对模型进行上述简化处理后，建立二维轴对称模型，直流母线分压器结构长度 6 010 mm，其中绝缘部分长 5 725 mm，绝缘部分共有大伞裙 93 个，直径 573 mm，小伞裙 92 个，直径 533 mm；高压端均压环采用双环结构，均压环环径 670 mm，管径 72 mm，两均压环之间距离 1.4 m。

模型剖分完成后，对外边界和高压母线端口、法兰和均压环处施加 Dirichlet 边界条件：高压端口、上法兰和均压环加载导线运行电压 500 kV；下法兰和边界空气加载零电位；对称轴为自然边界条件。环氧树脂以及伞裙材料相对介电常数设为 3.5，空气相对介电常数为 1。输出绝缘介质内部节点和边界上的节点，在空间电荷密度更新时，介质内部节点上的电荷密度强制为 0，不更新电荷密度。边界处节点按照空间电荷能否到达分为两类：一类节点在上伞裙附近，另一类在下伞裙表面以及上下伞裙间区域。这两类节点并不需要事先知道，在电荷密度进行更新时，后者因寻找不到上流有限单元而无法更新电荷，电荷密度保持为初始值 0。

7.4.2　伞裙表面电荷处理方式

图 7-15 形象地描述了空间电荷从均压环表面发出在电场力的作用下向绝缘伞裙和大地表面运动的过程。绝缘伞裙形状较为复杂，空间电荷在其上面的积聚规律描述如下。

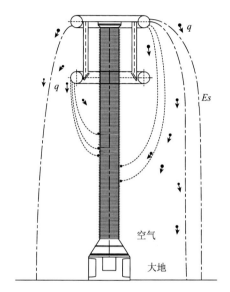

图 7-15　电晕电荷在电场力的作用下
向绝缘介质表面和地面运动

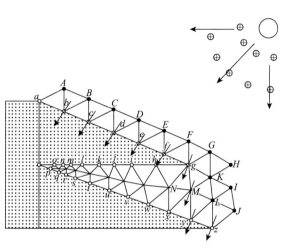

图 7-16　绝缘伞裙表面节点电荷密度更新示意图

图 7-16 所示为空间电荷在伞裙表面积聚过程的示意图。阴影区为绝缘伞裙内部区域，空心圆表示的节点 $a\sim z$ 为伞裙表面未知电荷密度节点。三角形单元为介质表面剖分形成的单元，其他外部单元这里并未画出。实心节点 $A\sim N$ 为介质附近节点，其电荷密度已通过寻找上流有限单元的方法更新得到。很明显，介质表面节点 $a\sim g$ 可以通过寻找上流有限单元的方法由已知电荷密度节点 $A\sim H$ 计算得到。节点 M 也可以通过其上流有限单元 gKM 计算得到，进而介质表面节点 y、z 处的电荷密度值也可以计算得到。而介质表面其他节点（如 $h\sim x$）及上下伞裙间的空间区域内部的节点，其上流有限单元中的其他节点的电荷密度同样未知，因此绝缘介质上伞裙表面，空间电荷沿着电场力方向运动可以到达的地方处的节点电荷密度均能计算得到，而伞裙下表面以及上下伞裙内部区域，空间电荷无法到达，该区域内部节点电荷密度无法通过寻找到上流有限单元的方法计算得到，即初始值 0。

程序实现过程中，对求解区域剖分完成后，首先存储绝缘伞裙表面节点信息。在求解空间电荷密度过程中，对于下伞裙表面部分节点及上下伞裙间区域内部节点，因为构成其上流有限单元的另外两个节点电荷密度未知，从而无法更新其电荷密度，于是为初始值 0。若未知电荷密度节点寻找到上流有限单元，且构成该单元的另外两个节点电荷密度已知，则通过上流有限元法求解电荷密度时，需要判断该节点是否位于伞裙表面。若该节点不位于伞裙表面，则按照空气中节点电荷密度求解方法进行求解更新；若该节点为伞裙表面节点，则认为上一迭代步计算得到的电荷密度已经积聚附着在介质表面，将本迭代步计算得到的电荷密度和上一迭代步计算所得电荷密度进行叠加，来模拟空间电荷在介质表面的积聚过程。这样伞裙表面电荷密度随着迭代过程的进行不断增加，当空间电荷在电场力的作用下运动至伞裙附近时，会因为同极性电荷相反方向电场力的作用而导致越来越少的电荷向伞裙表面积聚，直到介质表面电场强度法向分量为 0，这时，节点 $a \sim g$ 处电荷密度更新时，就无法找到其上流有限单元，这些节点上的电荷密度不再更新，即伞裙表面电荷积聚达到稳态。

7.4.3　直流分压器静电场计算

对直流分压器模型进行建模剖分、加载边界条件后，先进行静电场计算，采用 ICCG 求解器进行求解，计算得到的整体电位和电场分布云图分别如图 7-17（a）和（b）所示。

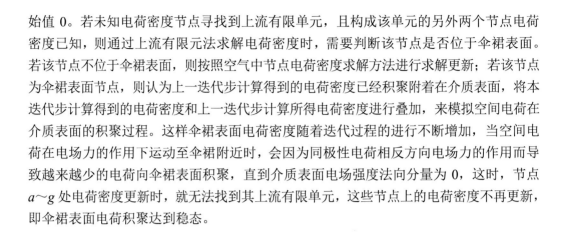

（a）整体电位云图（单位：V）　　　（b）整体电场云图（单位：V/m）

图 7-17　直流分压器电位和电场分布云图

由图 7-17 可以看出，场域内电场强度最大值为 1.61×10^6 V/m，位于均压环表面。

为了具体分析绝缘伞裙表面的电场分布，沿大伞裙边缘各点选取路径 path，路径从下往上共选取 93 片大伞裙的边缘，所取各点 y 坐标从 0.285 m 到 5.805 m，大伞裙间距为 0.06 m。所取路径如图 7-18 所示。

7.4.4　直流分压器离子流场计算

由于离子流场计算采用 Kaptzov 假设（电晕导体表面的电场强度维持在电晕起始电场强度不变），需要已知均压环电晕起始电场强度[7]。圆柱、球电极电晕起始电场强度的确定可参考经验公式，以及本书第 3 章的研究成果。同时考虑到电晕起始电场强度本身受环境因素及电极表面结构影响很大，灰尘、昆虫、水滴和表面粗糙度都会使电晕起始电场强度发生改变，并且定性分析对工程设计同样具有指导意义，因此在对直流分压器均压环电极电晕起始电场强度设定时，

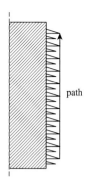

图 7-18　绝缘伞裙表面路径示意图

采用圆柱电极电晕起始电场强度公式进行计算后，乘修正系数作为均压环电极电晕起始电场强度，认为可以用于指导工程实践。

直流分压器两个均压环管径均为 7.2 cm，采用 Peek 公式近似计算均压环电晕起始电场强度。若粗糙度系数设为 0.37，则电晕起始电场强度为 12.345 kV/cm；若粗糙度系数设为 0.45，则电晕起始电场强度为 15.01 kV/cm。由静电场计算得到的上述两均压环表面最大电场强度分别为 15.6 kV/cm 和 16.1 kV/cm，此时两均压环表面电场强度最大值均超过粗糙度系数为 0.37 和 0.45 时的电晕起始电场强度。为了分析不同电晕起始电场强度对直流分压器离子流场计算产生的影响，以下采取均压环粗糙度系数分别为 0.37、0.40 和 0.45 三种情况下的电晕起始电场强度进行计算，其中粗糙度系数为 0.40 时，计算得到的均压环电晕起始电场强度为 13.345 kV/cm。

设置直流分压器均压环电晕起始电场强度分别为 12.345 kV/cm、13.345 kV/cm 和 15.01 kV/cm，计算分压器周围空间电场强度以及电荷密度。当空间电荷密度变化相对误差以及导线表面电场强度与电晕起始电场强度的相对误差小于 1% 时，认为计算结束。空间电场强度以及电荷密度云图分别如图 7-19 和图 7-20 所示。

对直流分压器周围电场强度计算结果进行分析。如图 7-19（a）所示，当均压环粗糙度系数设为 0.37 时，其表面电晕起始电场强度为 12.345 kV/cm。计算得到空间电场强度最大值为 12.46 kV/cm，出现在上均压环的上表面。图 7-19（b）描绘了当均压环粗糙度系数设为 0.40、电晕起始电场强度为 13.345 kV/cm 时的空间电场分布云图。计算得到场域内电场强度最大值为 13.47 kV/cm，位于上均压环的上表面。图 7-19（c）描绘了当均压环粗糙度系数设为 0.45、电晕起始电场强度为 15.01 kV/cm 时的空间电场分布云图。计算得到场域内电场强度最大值为 16.1 kV/cm，位于下均压环的下表面，同时上均压环表面电场强度最大值也达到了 15.6 kV/cm。上述结果表明，随着电晕电荷向均压环周围空间场域内运动扩散，均压环表面电场强度相比静电场有所减小。

图 7-20 描绘了不同均压环电晕起始电场强度时计算得到的直流分压器周围空间电荷分布。比较三种条件下的计算结果可以看出，均压环电位一定，电晕起始电场强度

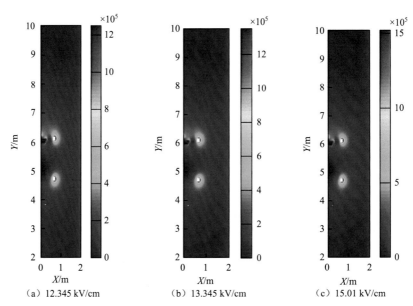

（a）12.345 kV/cm （b）13.345 kV/cm （c）15.01 kV/cm

图 7-19　直流分压器周围电场强度分布云图（单位：V/m）

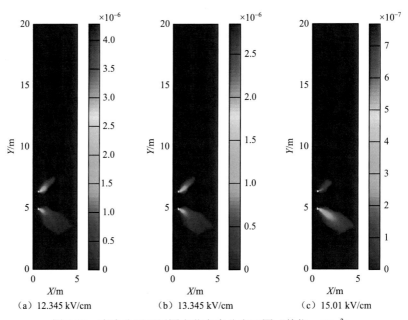

（a）12.345 kV/cm （b）13.345 kV/cm （c）15.01 kV/cm

图 7-20　直流分压器周围电荷密度分布云图（单位：C/m³）

越低，均压环电晕发出的空间电荷浓度越高，对均压环表面电场抑制作用越明显。由空间电荷分布云图可以看到，均压环表面电荷密度最大处位于静电场计算时均压环表面电场强度最大处，说明均压环表面电荷密度和该处电场强度成正比，目的是抑制该处电场强度，使其限制在电晕起始电场强度附近（Kaptzov 假设）。均压环内表面电场强度较小，若该处电场强度小于电晕起始电场强度，则无电晕电荷发出；若该处电场强度略大于电晕起始电场强度，则该处发出的空间电荷浓度较小，在电荷密度云图中并不明显。

7.4.5　直流分压器周围空间电荷影响规律分析

本小节将直流分压器离子流场计算得到的绝缘伞裙表面合成电场强度的分布情况与静电场计算结果进行对比，用来分析直流分压器周围存在的空间电荷对分压器附近电场强度产生的影响。

将粗糙度系数为 0.37、0.40 和 0.45 的大伞裙端部电位和电场强度分布曲线与静电场时的计算结果进行对比，如图 7-21 和图 7-22 所示。

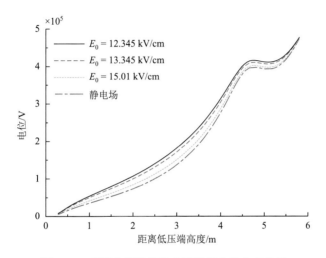

图 7-21　直流分压器绝缘伞裙端部电位分布曲线

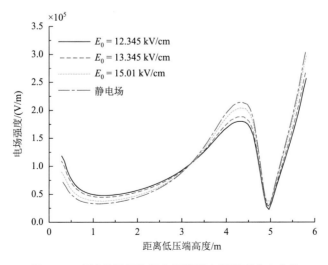

图 7-22　直流分压器绝缘伞裙端部电场强度分布曲线

由静电场电位和电场强度分布曲线可以看出，绝缘伞裙表面电场强度呈现先增大后减小再增大的趋势。从第1片到第68片（从低压端到高压端），大伞裙表面电场强度先减小后增大，大约在4.3 m高处（第68片大伞裙边缘）电场强度较大，为2.14 kV/cm；从第69片到第93片，大伞裙边缘电场强度依次先减小后增大，约在5 m高度处伞裙（第79片大伞裙边缘）附近电场强度只有0.26 kV/cm，此伞裙位于两均压环之间，说明均压环的存在对两均压环之间的绝缘伞裙表面电场强度起到一定程度的改善作用；大约在5.8 m高度（第93片大伞裙边缘）处电场强度达到最大值2.86 kV/cm，位于上均压环下方0.2 m处。对于电位分布，从第1片到第70片，大伞裙边缘各点电位随着伞裙高度的增大几乎呈线性增加。超过70片后，电位增加幅度变小，主要也是因为均压环的均压作用使得此处的电位上升较为平缓。

结合不同均压环电晕起始电场强度下绝缘伞裙表面电场强度和电位分布曲线，可以看出，直流分压器周围空间电荷的存在，使得伞裙表面电位整体呈上升趋势，高压端部电场强度呈下降趋势，低压端电场强度有所增大。而且，随着电晕起始电场强度的逐渐减小，直流分压器伞裙表面电场强度分布相比静电场变得较为均匀。对上述现象解释：电晕起始电场强度越低，均压环电晕程度加剧，空间电荷浓度越大，电荷对分压器高压端附近电场有一定的屏蔽作用，而对远离电极的低压端附近电场起增强作用，因此直流分压器高压端伞裙表面电场强度逐渐减小，而低压端伞裙表面电场强度逐渐增大。上述分析结果说明，空间电荷对分压器绝缘伞裙表面的电场分布具有一定的改善作用。该结论与文献[8]提到的直流复合绝缘子电位分布规律与交流复合绝缘子大致相同，高压端部附近伞裙上的分布电压（即电场强度）比交流绝缘子低的实验结论一致。

本章参考文献

[1] 黄国栋. 高压直流绝缘介质空间电荷运动分布仿真研究[D]. 武汉：武汉大学，2014.

[2] LI W，ZHANG B，HE J L，et al. Calculation of the ion flow field of AC-DC hybrid transmission lines[J]. IET Generation Transmission & Distribution，2009，3（10）：911-918.

[3] KUMARA S，SERDYUK Y V，GUBANSKI S M. Charging of polymeric surfaces by positive impulse corona[J]. IEEE Transactions on Dielectrics and Electrical Insulation，2009，16（3）：726-733.

[4] KUMARA S，ALAM S，IMTIAZ R，et al. DC flashover characteristics of a polymeric insulator in presence of surface charges[J]. IEEE Transactions on Dielectrics and Electrical Insulation，2012，19（3）：1084-1090.

[5] KUMARA S，IMTIAZ R，ALAM S，et al. Surface charges on cylindrical polymeric insulators[J]. IEEE Transactions on Dielectrics and Electrical Insulation，2012，19（3）：1076-1083.

[6] KUMARA S，SERDYUK Y V，GUBANSKI S M. Surface charge decay on polymeric materials under different neutralization modes in air[J]. IEEE Transactions on Dielectrics and Electrical Insulation，2011，18（5）：1779-1788.

[7] 金顼. 直流设备绝缘表面合成电场数值计算方法[D]. 武汉：武汉大学，2019.

[8] 吴光亚，王钢，蔡炜，等. ±500 kV 直流复合绝缘子的电位分布特性[J]. 高电压技术，2006，32（9）：132-135.

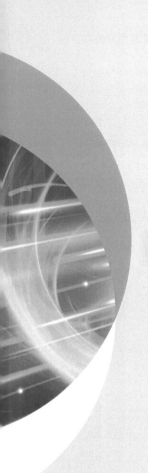

第 8 章

基于空间电荷输运方程
模型的计算方法

8.1　物理及数学模型

空间电荷的传递受到空间电场强度和风速的影响，因此数学方程中需要加入对流和电场迁移项，稳态的控制方程[1]为

$$\nabla \cdot \boldsymbol{j}^{+(-)} = \mp R \tag{8-1}$$

$$\boldsymbol{j}^{+(-)} = \mp D^{+(-)} \nabla \rho^{+(-)} - z^{+(-)} u^{+(-)} F \rho^{+(-)} \nabla \varphi \pm \boldsymbol{W} \cdot \nabla \rho^{+(-)} \tag{8-2}$$

式中：$\nabla \cdot \boldsymbol{j}^{+(-)}$ 为漂移–扩散项；$\boldsymbol{W} \cdot \nabla \rho^{+(-)}$ 为对流项；$z^{+(-)}$ 为正、负离子电荷数；$u^{+(-)}$ 为正、负离子迁移率；F 为 Faraday 常数。

电荷在电场力的作用下会在空气中运动，考虑电荷实时运动状态时，瞬态离子流场求解控制方程描述为

$$\frac{\partial \rho^{+(-)}(t)}{\partial t} + \nabla \cdot \boldsymbol{j}^{+(-)}(t) = -R \tag{8-3}$$

将式（8-2）代入式（8-3），可得

$$\frac{\partial \rho^{+(-)}(t)}{\partial t} \pm \nabla \cdot [\mp D^{+(-)} \nabla \rho^{+(-)}(t) - z^{+(-)} u^{+(-)} F \rho^{+(-)}(t) \nabla \varphi(t) \pm \boldsymbol{W} \cdot \nabla \rho^{+(-)}(t)] = -R \tag{8-4}$$

当不考虑空间电荷的扩散时，直流离子流场可以表示为

$$\frac{\partial \rho^{+(-)}(t)}{\partial t} \mp z^{+(-)} u^{+(-)} F \nabla \varphi(t) \cdot \nabla \rho^{+(-)}(t) \mp z^{+(-)} u^{+(-)} F \rho^{+(-)}(t) \nabla \cdot [\nabla \varphi(t)] + \boldsymbol{W} \cdot \nabla \rho^{+(-)}(t) = -R \tag{8-5}$$

由式（8-5）可知，对于单极性导线的直流离子流场，负电荷密度为 0，其描述方程改为

$$\frac{\partial \rho(t)}{\partial t} - \nabla \cdot zuF \rho(t) \nabla \varphi(t) + \boldsymbol{W} \cdot \nabla \rho(t) = 0 \tag{8-6}$$

式（8-6）变为

$$\frac{\partial \rho(t)}{\partial t} - zuF \nabla \varphi(t) \cdot \nabla \rho(t) - zuF \rho(t) \nabla \cdot [\nabla \varphi(t)] + \boldsymbol{W} \cdot \nabla \rho(t) = 0 \tag{8-7}$$

综上所述，当式（8-5）和式（8-7）的 zuF 等于式（7-9）和式（7-10）中的离子迁移率 k^+ 和 k^- 时，空间电荷输运方程模型就可以等效求解电流连续性方程。考虑到 z、u、F 的含义，令离子电荷数 z 为 1，而 $u = k/F$，则空间电荷输运方程模型便能表示单极和双极直流离子流场的控制方程。在物理场边界条件的设置中，在静电场设置导体表面电位为所施加的电压，地面和人工边界的电位设置为 0，空间电荷密度设置为空间电荷浓度与基本电子电量和 Avogadro 常量的乘积；设置将电流连续性方程中的电荷浓度引入静电物理场接口中，构成了空间电荷密度这一单向耦合关系；在求解电流连续性方程的物理场中设置大地与空气域边界为流出，设置导体表面的电荷浓度边界条件，电场迁移

项电势耦合到静电物理场接口来获得，这样构成了电位单向耦合关系，其与上述的空间电荷密度耦合共同实现了两个物理场之间的双向耦合。

假设扩散系数为常数，则双极直流离子流场的控制方程为

$$\frac{\partial \rho^+(t)}{\partial t} - D^+\nabla\cdot[\nabla\rho^+(t)] - k^+\nabla\varphi(t)\cdot\nabla\rho^+(t) - k^+\rho^+(t)\nabla\cdot[\nabla\varphi(t)] + \mathbf{W}\cdot\nabla\rho^+(t) = -\frac{R_{ion}\rho^+(t)\rho^-(t)}{e}$$
（8-8）

$$\frac{\partial \rho^-(t)}{\partial t} - D^-\nabla\cdot[\nabla\rho^-(t)] + k^-\nabla\varphi(t)\cdot\nabla\rho^-(t) + k^-\rho^-(t)\nabla\cdot[\nabla\varphi(t)] + \mathbf{W}\cdot\nabla\rho^-(t) = -\frac{R_{ion}\rho^+(t)\rho^-(t)}{e}$$
（8-9）

忽略扩散系数，式（8-8）和式（8-9）分别变为

$$\frac{\partial \rho^+(t)}{\partial t} - k^+\nabla\varphi(t)\cdot\nabla\rho^+(t) - k^+\rho^+(t)\nabla\cdot[\nabla\varphi(t)] + \mathbf{W}\cdot\nabla\rho^+(t) = -\frac{R_{ion}\rho^+(t)\rho^-(t)}{e} \quad (8\text{-}10)$$

$$\frac{\partial \rho^-(t)}{\partial t} + k^-\nabla\varphi(t)\cdot\nabla\rho^-(t) + k^-\rho^-(t)\nabla\cdot[\nabla\varphi(t)] + \mathbf{W}\cdot\nabla\rho^-(t) = -\frac{R_{ion}\rho^+(t)\rho^-(t)}{e} \quad (8\text{-}11)$$

对比式（8-10）、式（8-11）与式（8-7）可以看出，与单极情况相比，因为双极直流离子流场同时存在着正、负两种离子，所以需要设置两个离子模型来分别模拟正离子和负离子的传递情况，并计算两者的离子流密度，从而获得正、负离子密度的空间分布。在静电物理场接口的空间电荷密度边界条件中需要同时引入正、负离子的空间浓度，构成两个物质传递物理场与静电物理场之间的双向耦合关系，在物理场接口中还需要设置反应项 R_{ion} 这一边界条件，其余的物理场参数和边界条件设置与单极情况时类似。

8.2 单极直流输电线路的计算

在直流输电线路建成前，一般通过在实验线路（与实际线路几何尺寸相同）或实验室模拟线路（与实际线路相比几何尺寸有所缩小）上进行实验所得的结果，来对未建成的直流线路情况进行预测[2, 3]。国内外都对此进行过相关的研究，日本学者 Hara 等[4]在高压实验室对户外的单极和双极直流输电线路进行了一系列实验，来测量电压与离子流场之间的关系。其中单极直流实验线路外加电压 200 kV，线路导线半径为 0.25 m，离地高度为 2 m，模拟大地由实际混凝土地面上方 120 cm 处的一块 5.6 m×18.2 m 钢板制成。在钢板上垂直导线方向水平布置了 48 个电流探头和 31 个电场测量仪，用于测量钢板电极上的离子电流和电场强度；上海交通大学曾经在高为 18 m，面积为 24 m×36 m 的实验大厅内搭建了一条单极线路模型。实验模型的模拟大地由两块距离实际混凝土地面约 25 cm 的 6 m×3 m 铁皮板组合而成，使用铜质多股绞线作为模拟线路的导线，起晕电压经测量为 42 kV[5]。线路导线半径为 0.115 cm，离地高度为 1.05 m，线路上所加电压为 60 kV，在垂直于导线方向上设置有四个测量点，彼此间隔 1 m，测量点上

放置电场测量仪等设备用于测量该实验模型的单极直流离子流场，导线结构和布置如图 8-1 所示。

考虑到单极线路的结构较为简单，为了进一步验证本小节计算方法与迭代求解程序的可行性，对单极直流模拟线路的离子流场进行计算，线路模型参数与上述上海交通大学所做实验相同。已知实验测得的线路电晕起始电压在 42 kV 附近，线路电晕起始电场强度的大小为 48.6 kV/cm。实验测得的结果如表 8-1 所示。

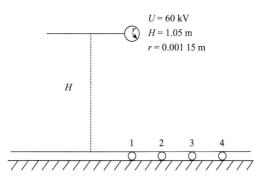

$U = 60$ kV
$H = 1.05$ m
$r = 0.001\ 15$ m

图 8-1　单极直流模拟线路的结构布置

表 8-1　模型线路下地面合成电场强度的测量值

测量点编号	地面合成电场强度/(kV/m)
1	33.9
2	23.2
3	13.9
4	9.8

运行迭代求解程序，计算得到的单极线路的空间电势和合成电场强度的分布云图分别如图 8-2 和图 8-3 所示。

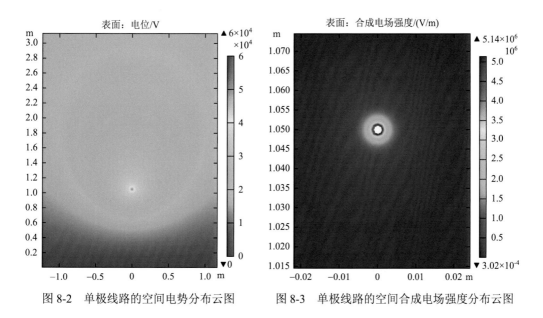

图 8-2　单极线路的空间电势分布云图　　图 8-3　单极线路的空间合成电场强度分布云图

由图 8-2 可以看出，单极性导线表面电势为 60 kV，随着距离导线位置的增加，电势逐渐降低，与设置的边界条件一致。由图 8-3 可以看出，空间场域内电场强度最大值为 51.4 kV/cm，出现位置在线路子导线表面。随着距离导线位置的增加，电场强度逐渐降低，与实际情况一致。将迭代求解程序得到的数值解与实验的测量值进行对比，结果如图 8-4 所示。

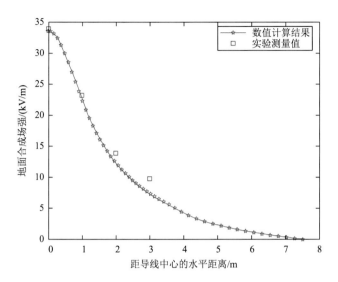

图 8-4　模型线路下地面合成电场强度的数值计算结果与测量值对比

由图 8-4 可以看出，迭代求解程序计算的模型线路下地面合成电场强度的数值解在离导线较近的 1、2 号测量点基本与实验测量值一致，1 号测量点处合成电场强度的误差为 1.1%，2 号测量点处为 3%；在离导线较远的 3、4 号测量点，误差分别为 12% 和 23%，这两点误差较大的原因可能在于以下几点。

（1）4 号测量点位于实验中铁皮构成的模拟大地的边缘部分，电极的边缘效应对此处的电场强度影响较大，对 3 号测量点处的电场强度也产生了一定的影响。

（2）实验中测量时存在仪表误差、读数误差和实验室大气条件等情况，影响了测量值的准确性。

（3）使用有限元法求解直流离子流场需要引入人工边界，程序中选取的人工边界宽度为导体对地高度的 7.5 倍，同时认为人工边界上的电势为 0，这都影响了数值解的准确性。

考虑到上述各客观存在的因素产生的影响，认为数值计算结果与实测值间出现一定的差异是可以接受的。因此，可以认为采用本小节提出的迭代求解程序计算出的结果与实际的测量结果基本一致，即本小节提出的计算直流离子流场的方法是可行的。

8.3　双极直流输电线路的计算

为了完善本书内容，对单回直流输电线路的离子流场进行计算。本节以云南至广

东 ±800 kV 特高压直流输电线路为对象，根据简化假设，认为导线为无限长直导线而忽略实际导线的弧垂以及杆塔的影响，将直流输电线路简化为二维模型进行分析。云南至广东 ±800 kV 特高压直流输电工程采用单回双极运行方式。本小节在计算中使用的线路参数：选用 6×LGJ-630/45 型导线，子导线直径 $d = 33.6\ \text{mm}$，分裂间距 $d_c = 450\ \text{mm}$，导线对地高度 $H = 18\ \text{m}$，极间距 $D = 22\ \text{m}$，线路结构如图 8-5 所示。

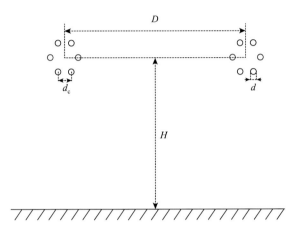

图 8-5　±800 kV 单回双极直流输电线路简化结构

8.3.1　输电导线等效单根模型

为了抑制电晕放电，高压直流输电线路多采用分裂导线来等效增加导线的半径，导线的分裂数随着输电线路电压等级的提高而增加[5-7]。在我国，±500 kV 直流输电线路多采用四分裂导线，±800 kV 直流输电线路采用六分裂导线，±1 100 kV 直流输电线路采用八分裂导线。在直流输电线路离子流场的计算中，国内外学者研究的重点往往是线下地面区域的离子流密度及电场特性，对于分裂导线附近区域则不做重点考虑，因此通常采用将分裂导线等效为单根导线的方式来简化模型，如图 8-6 所示。

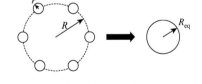

图 8-6　六分裂导线及其等效模型

等效的单根导线半径通过下式进行计算：

$$R_{eq} = R\sqrt[n]{\frac{nr}{R}} \tag{8-12}$$

式中：R_{eq} 为分裂导线等效的单根导线半径，cm；R 为通过分裂导线各子导线圆心的圆的半径，cm；n 为导线的分裂数；r 为分裂子导线的半径，cm。

通过计算可得等效的单根导线半径 $R_{eq} = 35.07\ \text{cm}$。对于等效的单根导线的电晕起始电场强度，一般采用"电晕程度等效"原理进行计算，计算公式为

$$k_1 = \frac{E_0}{E_{\max}} \tag{8-13}$$

$$k_2 = 0.105\,9 + 1.192k_1 - 0.323k_1^2 \tag{8-14}$$

$$E_{eq0} = k_2 E_{eq\,\max} \tag{8-15}$$

式中：E_0 为分裂子导线表面的电晕起始电场强度；$E_{\max}$ 为分裂导线的子导线表面的最大电场强度；E_{eq0} 为分裂导线等效的单根导线表面的电晕起始电场强度；$E_{eq\,\max}$ 为分裂导线等效的单根导线表面的最大电场强度。

由式（8-13）～（8-15）可知，要得到等效的单根导线表面的电晕起始电场强度 E_{eq0}，需要先计算出其余的三个电场强度的数值。对于分裂子导线表面的电晕起始电场强度 E_0，可以通过 Peek 公式进行计算，其中导线表面粗糙度系数 m 取 0.47，也可以直接进行设定，设定的值通常为 17～18 kV/cm。对于分裂导线的子导线表面的最大电场强度 $E_{\max}$ 和等效的单根导线表面的最大电场强度 $E_{eq\,\max}$，因为其直接与直流输电线路电晕放电的严重程度有关，所以需要进行准确的计算。对输电线路，可以用 Maxwell 电位系数法计算导线表面的电场强度。目前工程上广泛使用经验公式计算方法对导线表面的最大电场强度进行计算。

设分裂子导线表面的电晕起始电场强度 $E_0 = 18$ kV/cm。计算分裂导线等效的单根导线表面的最大电场强度，得 $E_{eq\,\max} = 5.73 \times 10^5$ V/m；计算分裂导线子导线表面的最大电场强度，得 $E_{\max} = 2.366 \times 10^6$ V/m。因此，计算出等效的单根导线表面的电晕起始电场强度 $E_{eq0} = 4.73 \times 10^5$ V/m。

通过迭代求解程序对上述 ± 800 kV 特高压直流输电线路的离子流场进行计算，得到的空间电位和合成电场强度的分布云图如图 8-7 和图 8-8 所示。

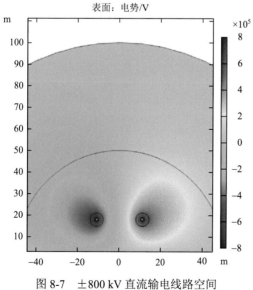

图 8-7　± 800 kV 直流输电线路空间
电位分布云图

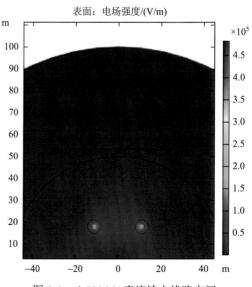

图 8-8　± 800 kV 直流输电线路空间
合成电场强度分布云图

在对输电线路下地面合成电场强度的计算中，计算得到的电场强度最大值为 26～32 kV/m。由图 8-7 可以看出，导线表面电势为 ±800 kV，随着距离导线位置的增加，电位并不是呈线性减小。这不但有极性导线对电势分布的影响，还有空间电荷的影响。输电线路电晕发出电荷，电场的作用漂移到整个空间场域，导致电势分布发生了变化。由图 8-8 可以看出，空间场域内电场强度最大值出现在输电线路子导线表面，为 4.75 kV/cm，接近于设定的电晕初始电场强度值，相对误差小于 1%。对地面合成电场强度进行计算，并与相关文献中的计算值进行对比，所得结果如图 8-9 所示。

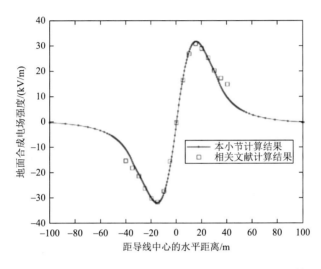

图 8-9 双极直流输电线路地面合成电场强度数值解与文献计算值对比

由图 8-9 可以看出，本小节计算得到的解与文献[2]中得到的解较为接近，基本保持着一致的分布趋势，距离导线较远处两者出现偏差的原因可能是人工边界上设置电位为 0 而非标称电位所造成的影响。同时可以发现，地面合成电场强度的最大值并不位于输电线路导线的正下方，而是向外偏移 4～5 m。迭代求解得到的导线表面电场强度最大值为 4.75 kV/cm，维持在电晕起始电场强度附近，满足 Kaptzov 假设。

8.3.2 输电导线分裂模型

在直流输电线路离子流场的计算中，研究的重点如果是导线附近区域的离子流密度及电场特性，对于分裂导线附近区域就需要重点考虑，因此不能采用将分裂导线等效为单根导线的方式来简化模型。同时，在空气中的电荷还带有扩散特性，从而引入空间电荷扩散项。计算中使用的线路参数与上一小节相同，如图 8-5 所示。模型剖分结果如图 8-10 所示。最终求解得到电势以及电场强度分布结果如图 8-11 所示。由图 8-11（a）可以看出，导线表面电势分别为 ±800 kV，随着距离导线位置的增加，电位逐渐降低，

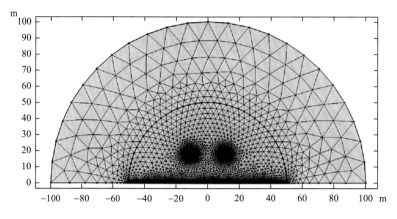

图 8-10　二维模型场域剖分示意图

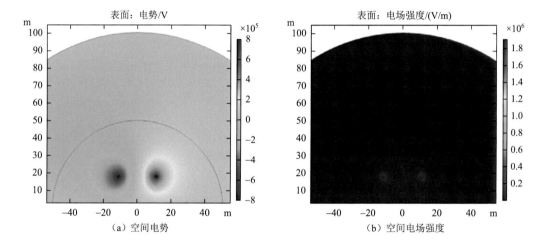

（a）空间电势　　　　　　　　　　　　（b）空间电场强度

图 8-11　±800 kV 特高压直流线路结果图

大地表面的电势为 0，与计算激励和边界设置一致。图 8-11（b）表明场域内电场强度最大值出现在线路子导线表面，达到了 18.6 kV/cm，正、负极导线表面电场强度幅值近似相等。特高压直流线路正极性导线附近电势和电场强度分布结果如图 8-12 所示。±800 kV 特高压直流线路采用六分裂导线，各个子导线电位相同，分裂导线内部电场强度较小，与实际情况相符。

　　基于空间电荷输运方程计算方法的优势不仅表现在它可以求解复杂模型的离子流场问题，还能够计算风速对离子流场的影响。针对双极直流输电线路，考虑风速影响，导线设置为 ±800 kV 电势，计算地面附近的合成电场强度，分析地面附近合成电场强度随风速变化的关系。风速分别为 0 m/s 和 2 m/s，风速方向为 x 轴方向，计算结果如图 8-13 所示。

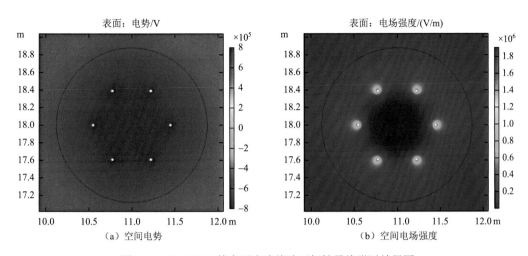

图 8-12　±800 kV 特高压直流线路正极性导线附近结果图

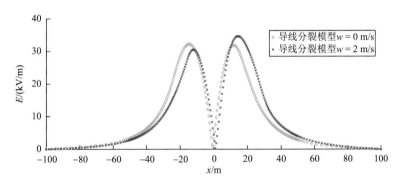

图 8-13　地面合成电场强度结果图

计算结果表明,特高压直流输电线路附近地面的合成电场强度受风速影响较大,顺风侧的合成电场强度随风速的增大而增大,逆风侧的合成电场强度随风速的增大而减小。由图 8-13 可以看出,在横风速情况下,地面合成电场强度最大值点发生了偏移,且合成电场强度最大值对比无风时有所增大。在计算地面合成电场强度时,计算等效单根和分裂导线的结果基本一致。

本章参考文献

[1]　刘鲲鹏,李宗,刘永聪,等. 屏蔽线参数对直流输电线路离子流场的影响[J]. 水电能源科学,2019,37(9):169-173.

[2]　邹岸新. 特高压直流输电线路下离子流场的仿真计算研究[D]. 重庆:重庆大学,2012.

[3]　黎琳. 直流输电线路合成电场与带电作业人员体表电场分析研究[D]. 重庆:重庆大学,2015.

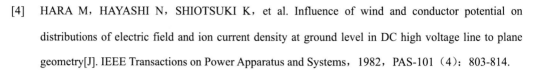

[4]   HARA M，HAYASHI N，SHIOTSUKI K，et al. Influence of wind and conductor potential on distributions of electric field and ion current density at ground level in DC high voltage line to plane geometry[J]. IEEE Transactions on Power Apparatus and Systems，1982，PAS-101（4）：803-814.

[5]   余峰. 高压直流输电线下合成场强及离子流密度的计算[D]. 北京：中国电力科学研究院，1998.

[6]   赵畹君. 高压直流输电工程技术[M]. 北京：中国电力出版社，2004.

[7]   杨志军. 云南至广东±800 kV 特高压直流输电线路电磁环境影响研究[D]. 成都：电子科技大学，2009.

第 9 章

油纸绝缘设备典型合成电场数值计算方法

9.1 数 学 模 型

不同的绝缘介质中，其内部空间电荷的种类以及在电场作用下的运动形式也各不相同。清华大学周远翔[2]团队在描述聚乙烯内部空间电荷运动过程时，采用 Roy 等提出的双极性空间电荷运动模型。该模型描述了介质内部存在的四种载流子——自由电子、自由空穴、入陷电子和入陷空穴在电场作用下的迁移运动，并考虑了各种载流子之间的相互作用，如正、负载流子之间的复合作用以及自由载流子被陷阱捕获入陷脱陷现象。而 O'Sullivan 等[3]在描述变压器油介质内部正极性流注产生和发展过程时采用的数学模型中只考虑了三种载流子，即正离子、负离子和自由电子。自由电子可以与中性分子结合生成负离子，用电子附着时间常数 τ_a 来表示。相比固体介质，变压器油是流体，可以流动，内部物质分子等也可以自由运动，因此油介质中并不存在静止不动的陷阱，于是该模型中并未考虑陷阱的作用。重庆大学的唐超[4]在对油纸绝缘介质内部空间电荷运动特性进行研究时提出了深浅陷阱的概念，并将介质内部的电荷按运动速度划分为快速运动电荷和慢速运动电荷。慢速运动电荷被介质内部的深陷阱捕获，运动速度较慢，分布状况较稳定；快速运动电荷被介质内部浅陷阱捕获，运动速度较快。

本章对油纸绝缘介质内部的空间电荷运动特性进行仿真分析，考虑到油纸绝缘介质内部存在纸纤维分子和杂质颗粒处于相对静止的状态，即会形成陷阱，采用田冀焕等[5]的陷阱理论，认为介质内部存在可以捕获自由运动载流子的陷阱。田冀焕在论文中提到，根据聚乙烯材料的实验特性，不存在自由电子和自由空穴的复合，但针对油纸绝缘介质，并没有相关实验或理论研究提出类似结论，因此这里考虑自由电子与自由空穴的复合过程。

油纸绝缘介质在直流电压作用下，极板电极表面会立即产生极化面电荷，基于 Schottky 发射理论，会有电荷在电场力的作用下脱离极板向油纸绝缘介质中运动。空间电荷的运动过程应同时满足 Poisson 方程和电流连续性方程（载流子输运方程）：

$$\frac{\partial n_a}{\partial t} + \frac{\partial f_a}{\partial t} = S_a \tag{9-1}$$

$$\nabla \cdot \boldsymbol{E} = \frac{\rho}{\varepsilon_0 \varepsilon_r} \tag{9-2}$$

$$\boldsymbol{f}_a = \pm \mu_a n_a \boldsymbol{E} \quad (a = e\mu, et, h\mu, ht) \tag{9-3}$$

$$\rho = \rho_{h\mu} + \rho_{ht} - \rho_{e\mu} - \rho_{et} = en_{h\mu} + en_{ht} - en_{e\mu} - en_{et} \tag{9-4}$$

式中：n_a 为载流子浓度；f_a 为载流子在电场作用下的对流项；S_a 为载流子源项，反映载流子的产生和消失；$\boldsymbol{E}$ 为空间内电场强度；μ_a 为载流子迁移率；$e\mu$、et、$h\mu$ 和 ht 为模型内部载流子类型，分别代表自由电子、入陷电子、自由空穴和入陷空穴；ρ 为空间电荷浓度，为上述四种载流子共同作用叠加得到的净电荷浓度。

固体介质内部的带电粒子主要是电子和空穴，分别带正电荷和负电荷。在室温下，金属表面会有极少数的电子能量超过金属表面的势垒而离开金属。在直流电场的作用下，金属表面载流子的逸出势垒降低，从金属表面热电子发射出的载流子增多，这种现象被称为 Schottky 注入效应。Schottky 注入效应不仅受电场强度影响，还与温度及金属所接触材料的介电常数有关。因此，金属表面注入电流密度计算公式表示为

$$J = AT^2 \exp\left(-\frac{e\omega}{kT}\right) \exp\left(\frac{e}{kT}\sqrt{\frac{e|E|}{4\pi\varepsilon_0\varepsilon_r}}\right) \tag{9-5}$$

式中：J 为正极表面注入的空穴或负极表面注入的电子产生的电流密度；A 为 Richardson 常数，取 120 A/(cm^2·K^2)；T 为热力学温度，K；e 为基本电荷，$e = 1.6 \times 10^{-19}$ C；ω 为空穴或电子的逸出势垒；k 为 Planck 常量；E 为金属表面的电场强度，V/m；ε_r 为与金属接触介质的相对介电常数。研究表明，油纸介质内部杂质电离产生的电荷以及相比于电极注入的电荷小很多，且不考虑极化电荷作用。因此，在本章的计算中，假设油纸绝缘介质所接触金属的 Schottky 注入是介质内部空间电荷的唯一来源。

图 9-1 所示为载流子输运过程示意图，相较于载流子的运动过程，油纸绝缘介质内部的陷阱处于相对静止的状态，假设其固定不动。空穴及电子从正、负极板经 Schottky 发射注入油纸绝缘介质中，在电场的作用下不断向介质中心迁移。在输运过程中，介质内部存在的高密度陷阱会阻碍空穴及电子的输运，并捕获自由运动的空穴及电子，形成

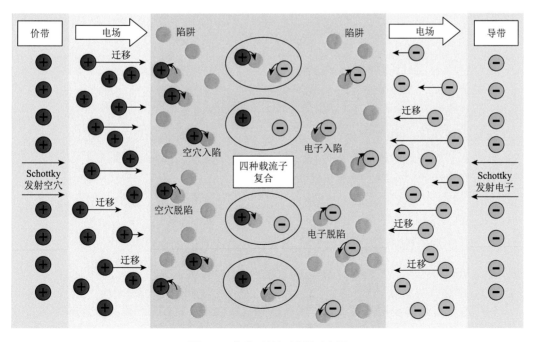

图 9-1　载流子输运过程示意图

入陷电子及入陷空穴。因此，油纸绝缘介质中同时存在自由电子、自由空穴、入陷电子和入陷空穴这四种类型的载流子。同时，被陷阱捕获的电子和空穴也可能在电场的作用下脱离陷阱，又重新成为自由电子及自由空穴。四种载流子在油纸绝缘介质中运动的过程中，异极性载流子间也会发生复合反应，各载流子的浓度处于一个动态变化的状态。

下面两式描述了载流子运动方程源项的构成，反映了各种载流子之间的复合、入陷、脱陷的物理过程：

$$\begin{cases} S_{e\mu} = -eS_{e\mu,ht}n_{e\mu}n_{ht} - eS_{e\mu,h\mu}n_{e\mu}n_{h\mu} - B_e n_{e\mu}\left(1 - \dfrac{en_{et}}{N_{et0}}\right) \\ S_{et} = -eS_{et,h\mu}n_{et}n_{h\mu} - eS_{et,ht}n_{et}n_{ht} + B_e n_{e\mu}\left(1 - \dfrac{en_{et}}{N_{et0}}\right) \end{cases} \quad (9\text{-}6)$$

$$\begin{cases} S_{h\mu} = -eS_{et,h\mu}n_{et}n_{h\mu} - eS_{e\mu,h\mu}n_{e\mu}n_{h\mu} - B_h n_{h\mu}\left(1 - \dfrac{en_{ht}}{N_{ht0}}\right) \\ S_{ht} = -eS_{e\mu,ht}n_{e\mu}n_{ht} - eS_{et,ht}n_{et}n_{ht} + B_h n_{h\mu}\left(1 - \dfrac{en_{ht}}{N_{ht0}}\right) \end{cases} \quad (9\text{-}7)$$

式中：$S_{e\mu,ht}$、$S_{e\mu,h\mu}$、$S_{et,h\mu}$、$S_{et,ht}$ 为异极性载流子复合系数；B_e 和 B_h 分别为电子和空穴的入陷系数；N_{et0} 和 N_{ht0} 分别为电子和空穴的陷阱浓度。

9.2 计 算 流 程

油纸绝缘合成电场强度的计算过程采用迭代求解的思想。首先假设空间电荷初始值，求解式（9-2）得到电场强度；然后根据电场强度调整极板表面 Schottky 发射电荷密度，由瞬态上流有限元更新公式求解得到新的场域节点空间电荷密度；再求解式（9-2）继续计算电场强度。如此循环计算，直到达到稳态收敛条件。计算流程如图 9-2 所示。

在计算初始时刻，待求场域的节点电荷密度为 0。稳态的判定依据前后迭代步电场强度及空间电荷的变化率，收敛判据表示为

$$\begin{cases} |E(n) - E(n-1)|/E(n-1) = \Delta E \leqslant 1\% \\ |\rho(n) - \rho(n-1)|/\rho(n-1) = \Delta\rho \leqslant 1\% \end{cases} \quad (9\text{-}8)$$

式中：$E(n)$ 和 $E(n-1)$ 分别为第 n 次和第 $n-1$ 次迭代时节点的电场强度；$\rho(n)$ 和 $\rho(n-1)$ 分别为第 n 次和第 $n-1$ 次迭代时节点的电荷密度；ΔE 和 $\Delta\rho$ 分别为电场强度和电荷密度的相对误差。

对于迭代步长的设置需要综合考虑计算的收敛性及求解效率，设置合理的数值。在本章的仿真中，剖分单元尺寸约为 10^{-6} m 数量级，因此 Δd 约为 5×10^{-6} m；电荷迁移速度一般为 $10^{-7}\sim10^{-6}$ m/s。于是，计算时间步长应满足

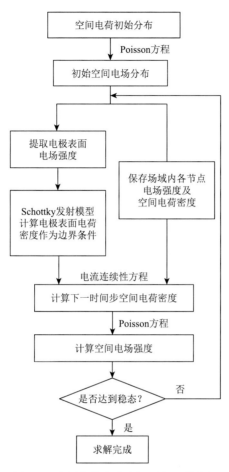

图 9-2　油纸绝缘合成电场强度计算流程

$$\Delta t \leqslant \frac{5\times 10^{-6}}{5\times 10^{-7}}\,\mathrm{s} = 10\,\mathrm{s} \qquad\qquad (9\text{-}9)$$

为了保证计算结果的精确度，不宜设置较长时间步（如 10 s）；同时，若设置过短的时间步（如 0.1 s），则会导致迭代步数很大时所对应的计算时间短（例如，当 $\Delta t = 0.1$ s 时，需要计算 36 000 步才能得到 3 600 s 时刻的结果），这会极大影响计算效率。因此，在本章的仿真中，设置时间步长为 1 s。

9.3　单层油纸绝缘结构合成电场计算

9.3.1　模型构建

在换流变压器油纸绝缘系统中，平板结构的油浸纸绝缘结构比较常见。为了将瞬态上流有限元法引入油纸绝缘合成电场的计算并验证其准确性，从单层油浸纸平板模型入手，首先研究其在稳态直流电压下的电荷运动特性和电场分布规律。建立如图 9-3 所示的单层油浸纸平板二维模型。图中：D 为油浸纸板的厚度；V_0 为正极板外加电压，负极板接零电位；ε_{op} 为油浸纸材料的介电常数。

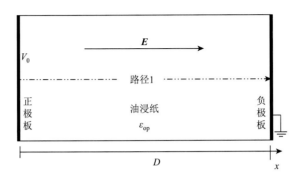

图 9-3　单层油浸纸平板绝缘模型

为了保证迭代过程的收敛性，需要对模型的上、下边界条件进行限制。如图 9-4 所示，图（a）显示了瞬态上流有限元单元更新模式，将模型上边界单元 ABC 单独提取出来分析，如图（b）所示。由于有限元法计算误差，点 C 处的电场强度不仅存在着 x 方向的分量，还存在 y 方向的分量。经过点 C 的空间电荷迁移速度存在 V_x 和 V_y 两个分量，因为点 C 空间电荷迁移速度 V 的方向无法落在上流有限元满足的区域内（阴影部分），所以单元 ABC 不是点 C 的上流单元，导致点 C 电荷密度无法继续更新，进而影响整个场域的计算结果。

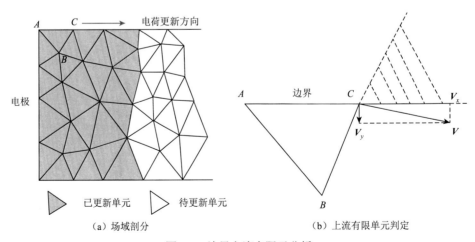

图 9-4　边界上流有限元分析

由于对称轴上节点的电场强度在 x 方向的分量很小，基本可以忽略，为了将电荷迁移方向落在上流单元内（包括边上），采用使 V_x 强制为 0 的方式，即将对称轴 x 方向电场强度分量强制设置为 0，模型下边界处理方式相同。

9.3.2　仿真结果验证

国内外学者通常采用 PEA 法测量油纸绝缘介质内的空间电荷密度分布。该方法的基本原理是检测脉冲电压作用下绝缘介质内空间电荷产生的声波，通过检测声波产生的时间函数计算得到空间电荷沿试品厚度的分布。因此，实验测量得到的电极处的电荷浓度实际反映的是电极-介质交界面处的面电荷密度以及电极注入电荷浓度的叠加，且通常以面电荷密度为主，因此实验测量得到的空间电荷密度并非实际的电荷密度分布。文献[6]中提到因为电荷位置不确定，无法对实验测量得到的空间电荷分布进行处理修正，但是可以通过数值方法将仿真结果进行变换处理后与实验结果进行对比。该方法实现过程为：首先将仿真结果曲线转换到频域中，然后施加 Gauss 函数进行滤波，滤掉仿真结果中的高频成分和波形细节，最后通过 Fourier 逆变换将频域结果转换到时域中。文献[7]中也提到需要将仿真计算得到的电荷浓度分布与 PEA 测量系统冲激响应函数进行卷积运算，只有这样才能够将仿真结果和实验曲线进行对比。

本小节采用如下公式求解电极表面电荷密度，结合仿真得到的体电荷密度，用于与 PEA 实验数据进行对比：

$$\rho_{\text{cathode}} = -\frac{1}{\mathrm{d}x}\int_0^d \frac{x}{d}\rho(x,t)\partial x - \frac{\varepsilon V}{\mathrm{d}x \cdot d} \tag{9-10}$$

$$\rho_{\text{anode}} = -\frac{1}{\mathrm{d}x}\int_0^d \frac{d-x}{d}\rho(x,t)\partial x + \frac{\varepsilon V}{\mathrm{d}x \cdot d} \tag{9-11}$$

式中：$\mathrm{d}x$ 为极板处单元宽度；V 为外加电压。

本小节结合声音在油纸绝缘介质中的传播速度，将计算得到的极板表面电荷密度以及仿真得到的体电荷密度关于油纸绝缘介质厚度的位移分布函数转换成电荷密度与时间相关的时域分布函数，在时间域上选取时间间隔进行采样，利用快速 Fourier 变换将时域结果转换成频域结果。先采用 Gauss 函数拟合 PEA 参考信号中的波形，对频域曲线进行滤波处理，然后利用 Fourier 逆变换将频域信号转换成时域信号，即得到可以与实验测量结果进行对比的电荷密度分布图。

清华大学周远翔[8]团队采用 PEA 法分别对单层、双层油纸绝缘介质内空间电荷运动分布进行测量，这里针对单层油纸绝缘介质实验对象进行仿真分析，研究其内部空间电荷的运动特性。仿真所用油纸绝缘材料参数参考聚乙烯材料仿真所用到的参数[6]，在某一对应时刻下，通过在合理范围内不断调节其中一个参数并固定其他参数，研究不同参数对仿真波形的影响（包括幅值、峰宽等），对照实验数据调整参数进行拟合，找到一组最合适的参数。参数的设置如表 9-1 所示。

空间离子流场数值计算及工程应用

表 9-1 仿真参数设置

模型参数	参数符号	数值
迁移率/[m²/(V·s)]	μ_e（电子）	1×10^{-14}
	μ_h（空穴）	1×10^{-14}
陷阱捕获系数/(s⁻¹)	B_e（电子）	5×10^{-3}
	B_h（空穴）	5×10^{-3}
陷阱浓度/(C/m³)	N_{et0}（电子陷阱）	100
	N_{ht0}（空穴陷阱）	100
复合系[m⁻³/(C·s)]	$S_{e\mu,\,ht}$（自由电子/入陷空穴）	5×10^{-2}
	$S_{et,\,h\mu}$（入陷电子/自由空穴）	5×10^{-2}
	$S_{e\mu,\,h\mu}$（自由电子/自由空穴）	0
	$S_{et,\,ht}$（入陷电子/入陷空穴）	5×10^{-2}
Schottky 注入势垒/eV	ω_{ei}（电子）	1.1
	ω_{hi}（空穴）	1.1
温度/℃	T	20（293.2K）
油纸厚度/μm	D	500
相对介电常数	ε_r	3.5
电压/kV	V_0	10

仿真得到在 10 kV 外加电压下（200 kV/cm）各个时刻油纸介质内部的电荷密度及电场强度分布如图 9-5（a）和（b）所示。已知声波在油纸绝缘介质中的传播存在衰减和色散，PEA 法测量原理决定了贴附有半导体垫片进行声阻抗耦合的电极处测量得到的空间电荷密度分布呈现低幅值、宽脉宽的形状。而另一侧电极处测量得到的空间电荷脉冲波形较为理想，通常采用理想测量结果一侧进行定量分析研究。因此，本小节仿真结果只与阳极附近电荷分布波形进行对比验证。将仿真结果进行变换处理后与实验结果进行对比，如图 9-5（c）所示。可以看出，该仿真结果与 PEA 测量结果吻合良好，验证了仿真所用基于瞬态上流有限元的合成电场强度计算方法对于解决油纸绝缘介质内部计及空间电荷的电场强度求解问题的适用性和精确性。

由图 9-5 可以看出，在外加直流电压作用初期，正、负极板积聚大量同极性电荷，随着加压时间的持续，极板附近的最大电荷密度波峰明显向油纸绝缘介质内部进行运动。同时，电荷密度峰值逐渐降低，电荷密度波形宽度逐渐增加。随着时间的推移（大概 60 min 后），电荷密度分布基本达到稳态。由于电荷积聚所产生的附加作用，极板附近的电场强度逐渐减小，从 20 kV/mm 降低至最小 3.44 kV/mm；但是，伴随着油浸纸介质内部正、负电荷数量的不断增多，且迁移和扩散造成其位置的不断靠近，油浸纸介质内部的电场强度随之逐渐升高，从 20 kV/mm 升高至 22.69 kV/mm，电场畸变率（最大电场强度减去初始电场强度后与初始电场强度的比值）达到了 13.45%。

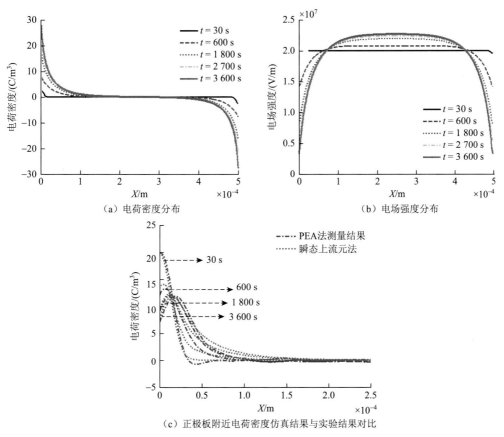

（a）电荷密度分布

（b）电场强度分布

（c）正极板附近电荷密度仿真结果与实验结果对比

图 9-5　单层油浸纸仿真结果与实验结果对比

　　基于空间电荷运动模型，可以对上述仿真结果进行解释。实验测量得到的电极处电荷浓度本质上是电极-介质交界面处面电荷密度与电极注入电荷浓度的叠加，且通常以面电荷密度为主，因此电极处电荷浓度的测量值实际上反映了电极表面电场强度的大小。随着电极表面不断注入电子和空穴，油纸绝缘介质内自由运动电荷浓度逐渐增多，同时由于陷阱作用，陷入陷阱变成静止不动的入陷电子和空穴也随之增多，空间电荷的作用使极板表面电场强度逐渐减小，由极板表面电场强度决定的极板面电荷密度逐渐减小，因此 PEA 法测量得到的极板附近电荷密度峰值逐渐减小。自由空穴和自由电子的注入会导致陷阱逐渐被填入，入陷电子和自由空穴的浓度不断增大，但 Schottky 发射产生的极板表面附近自由空穴和自由电子浓度因为极板表面电场强度减小而逐渐减少，所以入陷电子和入陷空穴的浓度增幅逐渐减慢，直至稳定不变。随着油纸绝缘内部净电荷浓度的增加，PEA 法测量得到的电荷密度峰值会向介质内部移动。

9.4　关键参数对油纸绝缘结构合成电场的影响

　　对单层油纸绝缘介质内部空间电荷运动进行仿真时，发现空间电荷输运方程中涉及的参数对电荷运动仿真结果影响很大。例如：增大极板电极注入势垒，介质内部净电荷浓度以及陷阱电荷浓度均会减小；离子迁移率的大小不仅影响 Schottky 发射电极注入电荷的浓度，还决定了自由电子和自由空穴的迁移速度；陷阱捕获系数很大程度上影响入陷电子和入陷空穴的浓度，陷阱捕获系数越大，自由电子和自由空穴越容易进入陷阱，因此入陷电子和入陷空穴浓度也越大，进而会影响净电荷浓度。基于仿真参数，分别改变外加电场强度、载流子迁移率、电极注入势垒、陷阱捕获系数、陷阱尝试和正负载流子复合系数，研究上述参数对油纸绝缘介质内部空间电荷的运动分布特性产生的影响。

9.4.1 外加电场强度的影响

为了比较不同外加初始电场强度对极性反转电压下油纸绝缘内部电荷的运动规律，分别选取初始电场强度为 10 kV/mm 和 50 kV/mm 两组进行仿真研究。仿真计算的结果分别如图 9-6 和图 9-7 所示。

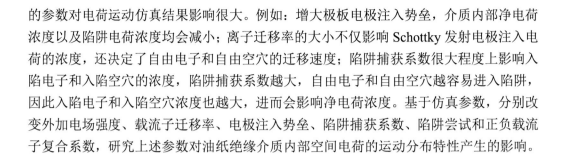

（a）电荷密度分布　　　　　　　　（b）电场强度分布

图 9-6　外加电场强度为 10 kV/mm

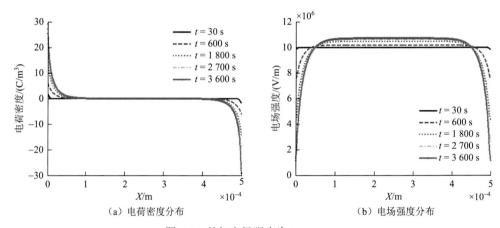

（a）电荷密度分布　　　　　　　　（b）电场强度分布

图 9-7　外加电场强度为 50 kV/mm

由图 9-6（a）和图 9-7（a）可以看出，外加电场强度越大，极板附近所积聚的电荷密度越大。这是因为 Schottky 注入的自由电子及自由空穴与外加电场强度呈正相关关系，所以外加电场强度较大时极板附近积聚更多的同极性电荷。同时，由于载流子迁移速度与电场强度呈正相关关系，电场强度越大，载流子迁移速度越快，当油纸绝缘介质中外加电场强度由 10 kV/mm 增大至 50 kV/mm 时，可以看出空间电荷向介质中心区域的扩散程度明显增大。

由图 9-6（b）和图 9-7（b）描绘的电场强度分布情况可以看出，随着从极板注入的空间电荷不断向介质中心运动，由于是同极性电荷注入，这部分电荷在运动过程中加强了前方空间的电场强度，不断消弱其后方的电场强度，随着时间的推移，油纸绝缘介质中心电场强度逐渐增加。当油纸绝缘介质中外加电场强度由 10 kV/mm 增大至 50 kV/mm 时，随着所积聚电荷量的增加，稳态时介质中心处电场畸变率由 7.1%增大至 24.82%。

由上述分析可以总结得出，外加初始电场强度对极板电极 Schottky 发射自由电子和自由空穴浓度影响很大，外加电场强度越高，自由载流子浓度越大，自由电子和自由空穴被陷阱捕获变成入陷电子和入陷空穴量也越多，载流子在绝缘介质内运动越快，空间电荷分布越容易达到稳态。相应地，电场强度畸变率随外加初始电场强度的增大而增大。

9.4.2　载流子迁移率的影响

载流子迁移率对油纸绝缘介质内空间电荷的运动过程影响很大。首先，载流子迁移率会影响极板电极 Schottky 注入电荷浓度；其次，载流子迁移率极大影响着载流子的运动速度。本小节分别取载流子迁移率为 2×10^{-14} m^2/(V·s)和 5×10^{-14} m^2/(V·s)，定量分析载流子迁移率对空间电荷运动规律产生的影响，仿真计算的结果分别如图 9-8 和图 9-9 所示。

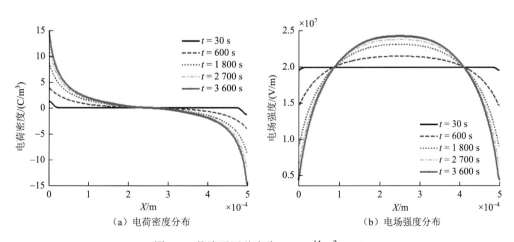

（a）电荷密度分布　　　　　　　　（b）电场强度分布

图 9-8　载流子迁移率为 2×10^{-14} m^2/(V·s)

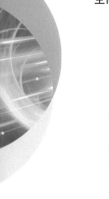

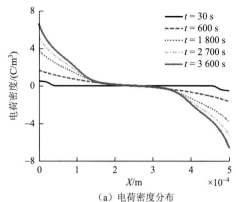

（a）电荷密度分布

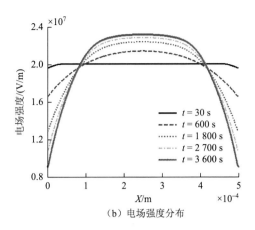

（b）电场强度分布

图 9-9　载流子迁移率为 $5 \times 10^{-14}\,\mathrm{m}^2/(\mathrm{V \cdot s})$

通过上述计算结果可以看出，随着载流子迁移率的增大，空间电荷向介质中心扩散的深度不断扩大。这主要是因为载流子迁移率较小时，其迁移速度相应降低，自由电子和自由空穴容易被介质两侧附近陷阱所捕获，大量积聚在极板周围，难以迁移至介质内部，而随着其移动速度的增加，大量自由电子和自由空穴可以越过陷阱不断向介质中心移动，进而使得极板附近电荷密度不断减小。同时，载流子迁移率的增大导致 Schottky 发射载流子浓度减小，因此，当载流子迁移率从 $2 \times 10^{-14}\,\mathrm{m}^2/(\mathrm{V \cdot s})$ 增大至 $5 \times 10^{-14}\,\mathrm{m}^2/(\mathrm{V \cdot s})$ 时，极板处电荷密度由 14.76 C/m³ 减小至 6.59 C/m³。

相应地：当载流子迁移率增大时，极板附近电荷密度减小，空间电荷造成的电场附加效应减小，使得极板处电场强度相对更大，而介质中心处电场强度相应更小；当载流子迁移率为 $2 \times 10^{-14}\,\mathrm{m}^2/(\mathrm{V \cdot s})$ 时，介质中心处电场强度为 24.19 kV/m；当载流子迁移率增大为 $5 \times 10^{-14}\,\mathrm{m}^2/(\mathrm{V \cdot s})$ 时，介质中心处电场强度减小为 23.16 kV/mm。

9.4.3　电极注入势垒的影响

油纸绝缘介质边界极板上的 Schottky 注入电荷是介质内部空间电荷的唯一来源，Schottky 注入势垒直接影响着 Schottky 发射电荷量的大小。当注入势垒升高时，电荷脱离极板的约束向介质中逸出的难度增大，Schottky 发射注入的电荷量相应减少。为了直观分析 Schottky 注入势垒对油纸绝缘合成电场的影响，本小节分别改变注入势垒为 1.14 eV 和 1.18 eV，研究注入势垒的改变对空间电荷运动规律产生的影响，仿真计算结果分别如图 9-10 和图 9-11 所示。

从计算结果可以直观看出，随着 Schottky 注入势垒的增大，油纸绝缘介质中电荷密度相应降低，尤其是极板附近，当势垒由 1.14 eV 增大至 1.18 eV 时，极板表面电荷密度由 7.49 C/m³ 减小至 1.76 C/m³，这表明注入势垒对 Schottky 发射效应注入电荷密度有着至关重要的影响，注入势垒越大，极板发射的自由电子或自由空穴浓度越小，介质

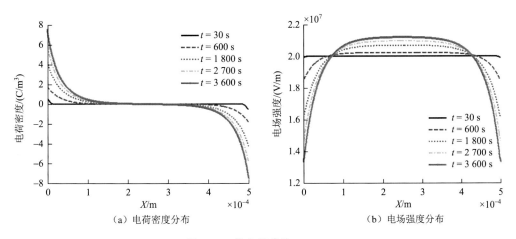

图 9-10　注入势垒为 1.14 eV

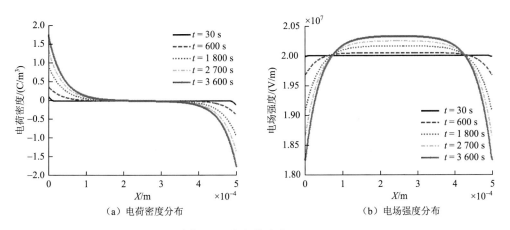

图 9-11　注入势垒为 1.18 eV

中积聚的电荷量也随之降低。相应地，Schottky 注入势垒越大，介质中空间电荷造成的附加电场强度越小，当势垒由 1.14 eV 增大至 1.18 eV 时，油纸绝缘介质中心电场强度由 21.20 kV/mm 降低至 20.33 kV/mm，由此可见，Schottky 注入势垒越小，油纸绝缘介质中的电场畸变率越高。

9.4.4　陷阱捕获系数的影响

陷阱捕获系数对入陷电子和入陷空穴浓度影响很大，顾名思义，陷阱捕获系数即陷阱捕获自由电子和自由空穴的能力，捕获系数越大，自由电子和自由空穴越容易被陷阱捕获变成入陷电子和入陷空穴。分别选取陷阱捕获系数为 5×10^{-4} s^{-1} 及 1×10^{-2} s^{-1}，研究陷阱捕获系数对油纸绝缘介质内空间电荷运动特性产生的影响，仿真计算结果分别如图 9-12 和图 9-13 所示。

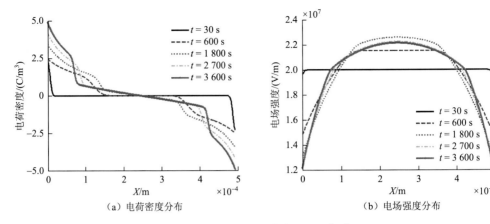

（a）电荷密度分布　　　　　　　　（b）电场强度分布

图 9-12　陷阱捕获系数为 $5\times10^{-4}\ \mathrm{s}^{-1}$

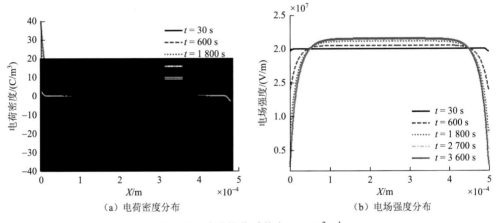

（a）电荷密度分布　　　　　　　　（b）电场强度分布

图 9-13　陷阱捕获系数为 $1\times10^{-2}\ \mathrm{s}^{-1}$

从上述计算结果可以发现，陷阱捕获系数越小，自由空穴和自由电子更容易躲过陷阱的捕获，其向油纸绝缘介质内部扩散的深度越大。当陷阱捕获系数为 $5\times10^{-4}\ \mathrm{s}^{-1}$ 时，自由运动的载流子向介质中大量运动并在介质中心位置发生复合，最终形成了连续的电荷浓度分布；相应地，当陷阱捕获系数过小时，极板注入载流子大量向介质中心迁移，使得极板附近载流子浓度较低，电荷密度更小，入陷系数为 $5\times10^{-4}\ \mathrm{s}^{-1}$ 时极板处电荷密度仅为 $4.89\ \mathrm{C/m^3}$。

同时，随着陷阱捕获系数的减小，介质中大量分布的电荷所造成的电场附加效应使得油纸绝缘介质中心区域的电场强度相应提高，当陷阱捕获系数由 $1\times10^{-2}\ \mathrm{s}^{-1}$ 降低至 $5\times10^{-4}\ \mathrm{s}^{-1}$ 时，油纸绝缘介质中心的电场强度由 $21.49\ \mathrm{kV/mm}$ 增大至 $22.17\ \mathrm{kV/mm}$。

9.4.5　陷阱浓度的影响

陷阱浓度在一定程度上也影响着自由电子和自由空穴被陷阱捕获的概率。陷阱载流子是自由运动载流子被陷阱捕获形成的，因此陷阱载流子浓度必定小于陷阱浓度。当入陷电子和入陷空穴浓度接近陷阱浓度后，自由电子和自由空穴受陷阱捕获的概率就会降低，进而影响介质内部空间电荷的运动特性。

比较图 9-14 与图 9-15 可知，陷阱浓度越高，入陷空穴浓度也就越高，进而导致净电荷浓度入陷深度越浅。油纸绝缘介质内部电场强度最大值位于介质中心，虽然陷阱浓度为 50 C/m^3 时，极板附近净电荷浓度较大，但因为介质内部中心区域净电荷浓度较小，而介质内部中间区域电场强度大小由介质内部各点电荷密度共同决定，所以当陷阱浓度为 20 C/m^3 时，其中心区域较高的净电荷密度决定了其对应的最大电场强度（23.16 kV/mm）相比陷阱浓度为 50 C/m^3 时（22.80 kV/mm）略大。

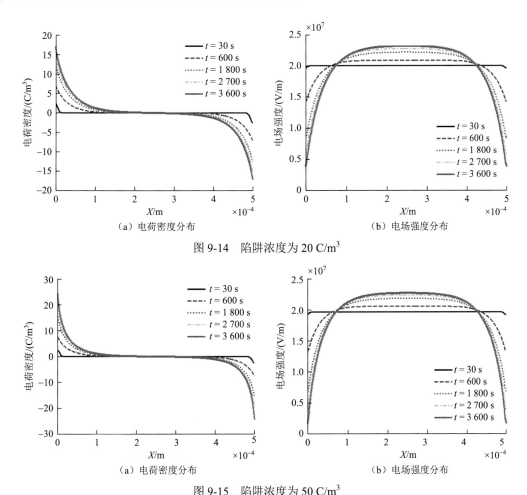

图 9-14　陷阱浓度为 20 C/m^3

图 9-15　陷阱浓度为 50 C/m^3

9.4.6　正负载流子复合系数的影响

正负载流子的复合包括自由电子和自由空穴、自由电子和入陷空穴、入陷电子和入陷空穴，以及入陷电子和自由空穴间的复合。本小节分别选取载流子复合系数为 5×10^{-3} m^{-3}/(C·s)和 1×10^{-1} m^{-3}/(C·s)，研究载流子复合系数的大小对油纸绝缘介质内空间电荷运动过程产生的影响。

由图 9-16 和图 9-17 中可以看出，油纸绝缘介质内空间电荷浓度随正负载流子复合系数的增大而减小，但复合系数影响作用很小。当复合系数为 5×10^{-3} m^{-3}/(C·s)时，稳态情况下极板处净电荷浓度为 27.50 C/m^3；当复合系数增大至 0.1 m^{-3}/(C·s)时，稳态情况下极板处净电荷浓度为 23.80 C/m^3。对上述仿真结果解释：异极性载流子之间的复合发生在载流子运动至对面电极区域时，以自由空穴为例，复合系数越大，当它运动越过介质中部与对面电极自由电子和入陷电子复合的概率也越大，自由空穴损失越多，阳极附近入陷空穴因被对面自由电子复合而浓度降低，净电荷浓度也越小。

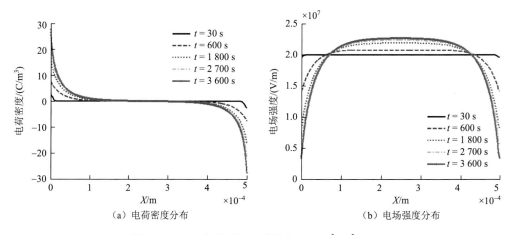

（a）电荷密度分布　　　　　　　　　（b）电场强度分布

图 9-16　正负载流子复合系数为 5×10^{-3} m^{-3}/(C·s)

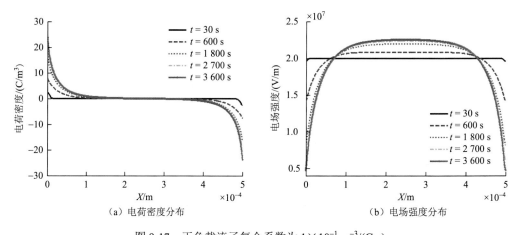

（a）电荷密度分布　　　　　　　　　（b）电场强度分布

图 9-17　正负载流子复合系数为 1×10^{-1} m^{-3}/(C·s)

9.5　温度梯度下空间电荷运动仿真分析

换流变压器在运行过程中，内部涡流损耗和铁磁损耗等产生的焦耳热会使换流变压器油温升高，再加上油流循环以及绝缘和支撑结构的复杂性，导致换流变压器绝缘介质内部温度各不相同，即存在温度的梯度分布效应。关于油和纸板的材料参数国内外研究比较多，但是对于油浸纸绝缘材料，其内部微观参数如离子迁移率等方面的研究几乎没有。文献[9]中提到油中电导率和离子迁移率随温度呈指数变化关系，并给出具体的特征参数。这里同样认为油纸绝缘介质内部离子迁移率随温度呈指数关系变化，具体函数关系为

$$\mu = T_0 \exp\left(\frac{-W_\mu}{k_{BS}T}\right) \tag{9-12}$$

式中：T_0 为温度函数关系式的系数；W_μ 为离子迁移率的活化能；T 为热力学温度。

在对单层油纸绝缘介质内空间电荷运动过程仿真分析中，温度为 20℃时，离子迁移率设为 1×10^{-14} m^2/(V·s)，仿真结果和实验数据吻合得很好。随着温度的升高，离子迁移率逐渐增大。如果额外知道一组离子迁移率随温度的对应数据，即可通过 Newton 迭代法得到上述函数关系。这里假设温度为 60℃时，离子迁移率为 10×10^{-14} m^2/(V·s)，进而可得到离子迁移率随温度变化的函数关系，此时对应的活化能和函数关系式系数分别为 0.485 eV 和 2.18×10^{-6}。

在仿真中：负极板设为高温侧，两个对比组分别为 30℃和 50℃；正极板为低温侧，固定为 20℃。因此，温度梯度分别为 10℃和 30℃。油纸介质内部各个位置的温度则根据线性关系确定，即

$$T(x) = T_1 + \frac{x \cdot (T_2 - T_1)}{D} \tag{9-13}$$

式中：T_1 和 T_2 分别为低温侧（正极板）和高温侧（负极板）温度；x 为节点坐标位置；D 为油纸绝缘介质的厚度。

由于温度对极板电极 Schottky 注入电荷影响很大，温度越高，注入自由载流子浓度越高，然而温度梯度下油纸绝缘介质内部空间电荷分布测量结果显示，负极板（高温侧）电荷浓度并没有比正极板（低温侧）高。基于上述物理现象，必须考虑正、负极性参数的差异，这里设置正、负极板空穴电子注入势垒分别为 1.1 eV 和 1.2 eV，而这与聚乙烯内部空间电荷仿真计算时通常采用的空穴电子注入势垒数据较为一致。

单层油浸纸内部在温度梯度为 10℃和 30℃时的仿真结果如图 9-18 和图 9-19 所示。

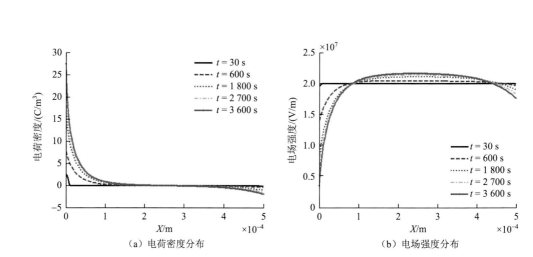

（a）电荷密度分布　　　　　　　　　　（b）电场强度分布

图 9-18　温度梯度为 10℃

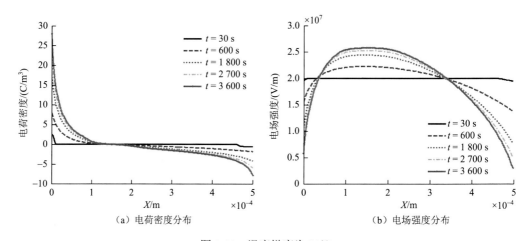

（a）电荷密度分布　　　　　　　　　　（b）电场强度分布

图 9-19　温度梯度为 30℃

对比不同温度下油纸绝缘介质内空间电荷运动分布仿真结果，可以得到规律：①随着温度梯度的增加，正极板附近净电荷浓度基本不变，入陷空穴浓度也基本不变，负极板附近净电荷浓度逐渐增大；②电场强度畸变程度随温度梯度的增加而增大，温度梯度由 10℃增大至 30℃时，油纸绝缘介质内最大电场强度逐渐从 21.64 kV/mm 增大至 25.78 kV/mm，该结论与西安交通大学吴锴等[10]的实验结论相一致。

对上述仿真得到的规律解释：正负极板间油纸绝缘介质内存在温度梯度，对空间电荷的运动存在两个方面的影响。一方面，负极板 Schottky 注入自由电子浓度随着温度梯度的增大而增大，因此负极板附近入陷电子浓度也因此增加，于是负极板附近净电荷浓度随温度梯度的增加呈增大趋势；另一方面，温度对离子迁移率的影响很大，如前所述，当温度为 60℃时，离子迁移率为 10×10^{-14} m²/(V·s)，而温度为 20℃时，离子迁移率为 1×10^{-14} m²/(V·s)，载流子在油纸绝缘介质内运动时，由于温度梯度的存在，不同位置离子迁移率也不同。温度越高，自由电子和自由空穴运动越快，因此负极性自由电子能快速运动至正极板附近区域。上述两方面原因导致温度梯度越高时，负极板 Schottky 注入的较多的自由电子能快速运动至正极板附近区域，因此此电场强度最大值位置倾向于正极板，快速运动自由电子与正极板附近的正极性载流子（包括自由空穴和入陷空穴）共同作用导致这两部分载流子之间区域的电场强度很高。

9.6　极性反转条件下空间电荷运动仿真分析

根据前述，在直流电压下，介质内部积聚的电荷会引起电场强度的畸变。尤其是在极板附近，空间电荷使极板附近电场强度大幅度减小。而在潮流极性反转的特殊工况下，外加电压极性瞬间发生改变，可能会引起空间电荷对标称电场的附加作用，使介质内部合成电场强度在短时间内急剧增大，甚至可能引起绝缘击穿。国内外对于极性反转下油纸绝缘合成电场的研究大都着眼于电场强度的计算方法，并且是在粗略假设空间电荷的基础上解释极性反转瞬间的电场强度突变，对于极性反转结果，只能得到电位及电场强度的分布情况，未能分析空间电荷的变化规律。一些研究虽然能得到极性反转下的电荷动态变化，但主要集中在 PEA 实验测量方面，对数值计算方法方面鲜有涉及。因此，对换流变压器极性反转过程中的电场强度及电荷的变化规律进行分析意义重大[11, 12]。

以单层油浸纸平板模型为例，对极性反转瞬间的瞬态电场进行理论分析如下。

在直流电压下，电荷运动达到稳态时正、负极板附近积聚大量的同极性电荷。根据图 9-20，由于介质中心电荷密度较小，对电场强度的影响也比较小，理论分析时假设介质内部的电荷全部集中于极板，介质中心电荷密度暂作忽略处理。此时，单层油浸纸内部中心附近的电场强度是均匀电场强度与电荷附加电场强度的叠加，即

$$E_1 = E_q + E_0 \qquad (9\text{-}14)$$

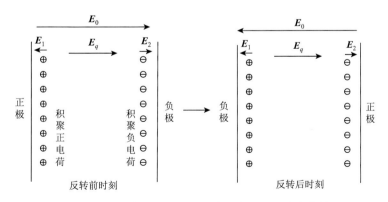

图 9-20　极性反转前后油纸绝缘介质中电场强度变化情况

在极性反转瞬间，积聚电荷分布基本保持不变，而均匀场的方向发生反转，正、负极性对调。此时，场域内部的电场强度可以大致表示为

$$E_2 = E_q - E_0 \tag{9-15}$$

综合式（9-14）和式（9-15）可得极性反转瞬间介质内部电场强度为

$$E_2 = E_1 - 2E_0 \tag{9-16}$$

因此，反转后介质中心附近的电场强度为反转前该处电场强度与 2 倍的反向均匀电场强度的叠加。

同样，分析极板附近的电场强度变化。电压反转前，受同极性电荷的影响，极板附近电场强度被削弱，产生畸变，此时正极板附近电场强度表示为

$$E_R = E_0 - E_1 \tag{9-17}$$

电压反转瞬间，电场强度变为

$$E_R' = E_0 + E_1 \tag{9-18}$$

联立式（9-17）和式（9-18），反转后极板附近的电场强度表示为

$$E_R' = 2E_0 - E_R \tag{9-19}$$

因此，反转后极板附近的电场强度为 2 倍的均匀电场强度与反转前该处电场强度的差值。同理，负极板附近电场强度与正极板类似。

综上所述，油纸介质内部极性反转电场强度求解的关键在于计算计及空间电荷密度影响下的准确电场强度，而本小节的方法能很好地解决该问题。

在换流变压器实际的反转过程中，反转时间很短（几十毫秒），因此，在研究油纸绝缘的极性反转特性时采用如图 9-21 所示的电压波形。图中：电压幅值 V_0 为 10 kV；t_1 为直流电压下达到稳态的时刻，也是电压开始反转的时刻；t_2 为反转完成时刻；t_3 为反转后重新达到稳态的时刻。在本章的仿真中，将反转的时间（即 t_1 与 t_2 的时间间隔）设为 1 s。

单层油纸绝缘结构合成电场强度计算结果在 3 600 s 时刻基本达到稳态，因此在 $t = 3\,600$ s 时刻将电压极性进行反转，得到如图 9-22 所示极性反转条件下的仿真结果。

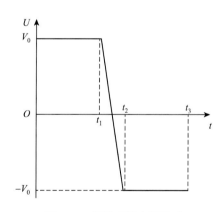

图 9-21　极性反转电压波形

由图 9-22 所示油纸绝缘介质中的电荷密度动态分布可以看出，在极性反转瞬间，油纸绝缘介质中积聚的电荷分布基本保持不变，由于极板极性的改变，极板处电场强度急剧增大，极板处电场强度增大至 36.74 kV/mm，电场畸变率高达 83.7%，极为容易造成油纸绝缘介质的击穿。

极板处电场强度的急剧增大使得极板处 Schottky 效应注入大量电荷，由于其与此处稳态时积聚的电荷极性相反，正、负极性电荷快速发生复合，极板处电荷密度不断减小，等到异极性电荷复合完毕后，极板处同极性电荷密度开始不断增大。相应地，极板附近的电场强度也随此过程不断降低直至趋于稳定。

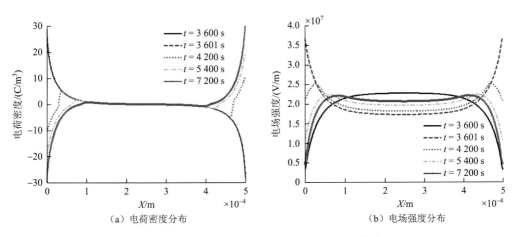

（a）电荷密度分布　　　　　　　　（b）电场强度分布

图 9-22　极性反转条件下合成电场强度动态计算结果

同时，结合极性反转前稳态情况下合成电场强度计算结果进行分析。电压极性反转前，左侧极板处电场强度为 3.26 kV/mm；而在极性反转过程中，极板附近所积聚空间电荷形成的附加电场使得此处电场强度瞬间增大至 36.74 kV/mm。此模型油纸绝缘介质中均匀电场强度为 20 kV/mm，因此计算结果基本满足式（9-16）的结论。相应地，随着电场的方向发生反转，油纸绝缘介质中心处电场强度突然减小，由 22.69 kV/mm 减小至 17.26 kV/mm，这与式（9-19）计算得到的结果也基本一致，之所以存在细小的计算误差，是因为理论分析时假定了空间电荷全部集中于极板附近，忽略了油纸绝缘介质内部电荷的作用。由此可见，仿真结果与理论分析基本吻合。

9.7　双层油纸绝缘结构合成电场计算

在实际的变压器绝缘系统中，油纸复合绝缘材料往往以多层的形式出现。对于层状介质界面的电荷研究多基于 Maxwell-Wagener 理论，认为空间电荷产生于两种绝缘介质电导率和电容率的差异。然而研究表明，该理论值适用于线性材料，但不能考虑空间电荷在介质内部的入陷和复合作用，因此会导致很大的计算误差。事实上，界面处的油纸表面不可避免地存在着壁垒，导致其势垒高于两侧的油纸介质，同时存在一定的陷阱，这些都对电荷运动产生阻碍作用。综上所述，如何计及双层或多层绝缘介质界面的电荷积聚对研究合成电场的分布至关重要。本节主要以双层油浸纸和油浸纸–油两种结构为研究对象进行展开。

9.7.1　油纸绝缘结构界面电荷数学模型

仿真所建立的双层油纸复合绝缘模型如图 9-23 所示，分别由相同厚度的双层油浸

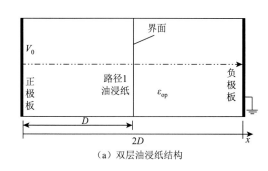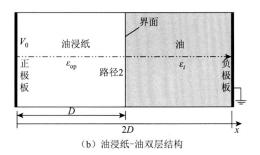

（a）双层油浸纸结构　　　　　　　　　　　（b）油浸纸-油双层结构

图 9-23　双层油纸绝缘仿真模型

纸和油浸纸-油绝缘构成，$D = 500$ μm。对于油纸绝缘双层结构，其界面处存在势垒和缺陷，电荷运动受到阻碍，从而造成界面处的电荷积聚效应。根据文献[13]，随着油纸绝缘层数的增加，电流密度呈现减小趋势，这与 Mott-Gurney 关系表述的空间电荷限制电流关系不符，可以证明此时电荷密度并非由空间电荷限制，而是主要取决于界面势垒。该势垒限制电流可以用 Poole-Frenkel 原理来表述，其数学表达形式为

$$J'(t) = AT^2 \exp\left(-\frac{e\omega'}{kT}\right)\exp\left[\frac{e}{kT}\sqrt{\frac{e\,|\,E'(t)\,|}{\pi\varepsilon_{i/op}}}\right] \qquad (9\text{-}20)$$

式中：$J'(t)$ 为界面传导电流密度；A 为注入系数，仍为 Richardson 常数；ω' 为电子或空穴在界面的势垒；$E'(t)$ 为界面电场强度；$\varepsilon_{i/op}$ 为油/油浸纸的介电常数。因此，本小节在油纸绝缘的界面处采用该界面势垒模型，应用于基于瞬态上流有限元法的双层油纸电场强度计算。

对于图 9-23（a）的双层油浸纸模型来说，由于正、负极板接触的材料相同，正负极板注入势垒和离子迁移率等参数的设置一致。载流子穿过界面受到的阻碍更大，设置界面的势垒略大于两侧极板的 Schottky 注入势垒。

对于图 9-23（b）的油浸纸-油仿真模型来说，由于两种材料属性不同，油和油浸纸介质内部的微观参数与单层油浸纸存在差异。研究表明，油浸纸材料的相对介电常数为 3.5～4.0，而油的介电常数为 2.2～2.7，因此在仿真中两种介质的相对介电常数分别设置为 3.5 和 2.5。载流子在油中的迁移率大于油浸纸中的迁移率，其在宏观上表现为油的电导率大于油浸纸。故本小节将载流子在油和油浸纸介质中的迁移率分别设为 5×10^{-14} m²/(V·s) 和 1×10^{-14} m²/(V·s)。其他参数的设置与表 9-1 中的参数基本一致。

9.7.2　仿真结果分析

仿真首先得到了直流 10 kV 电压下双层油浸纸内部在路径 1 上的空间电荷密度分布及电场强度特征，如图 9-24 所示。

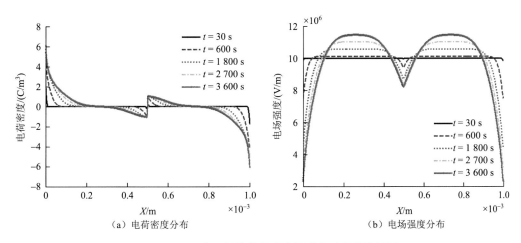

（a）电荷密度分布　　　　　　　　（b）电场强度分布

图 9-24　双层油浸纸结构合成电场强度动态计算结果

由图 9-24（a）可以看出，与单层油浸纸绝缘介质类似，双层油浸纸在极板附近同样存在同极性电荷的积聚。从极板发出并向油纸介质中不断迁移，由于界面的势垒作用，正极板发出的正电荷和负极板发出的电子在界面积聚，并在电场的作用下分布在界面两侧。由于正、负离子注入势垒参数和离子迁移率设置相同，到达界面的电荷量基本相同，最大值为 1.03 C/m³。随着极板附近空间电荷的积聚，极板附近电场强度不断减小。同时，受到界面空间电荷的削弱作用，每层油浸纸介质中心位置的电场强度不断增大，从 10 kV/mm 增大至 11.46 kV/mm，而界面处的电场强度不断减小，稳态时达到 8.23 kV/mm。两侧油浸纸中的电场强度分布一致且大小基本相同，呈现"中心大、边界小"的特点。图 9-24 的电荷运动特点与清华大学周远翔团队通过 PEA 法得到的结果一致，仿真得到界面右侧正电荷密度以及右侧极板电荷密度比测量结果稍大，这主要是 PEA 法的衰减引起的[8]。

仿真得到直流 10 kV 电压下油浸纸-油结构内部在路径 2 上的空间电荷密度分布与电场强度特征，如图 9-25 所示。

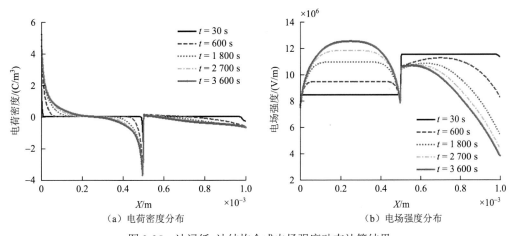

（a）电荷密度分布　　　　　　　　（b）电场强度分布

图 9-25　油浸纸-油结构合成电场强度动态计算结果

由图 9-25（a）可以看出，在施加电压初期，油和油浸纸的界面已经有负电荷积聚，且不断增多，稳态时达到 3.73 C/m^3。随着电荷从极板到介质内部的不断迁移，界面对电荷运动的阻碍效应使得电荷在界面不断积聚；而由于油中的载流子迁移率更大，油侧负极板发射的负电荷会有更多到达界面，这也使得负极板电荷密度较小。同时，负极板电场强度小于正极板，从而引起 Schottky 注入强度弱也是负极板附近电荷密度小于正极板的原因。这与双层油浸纸中的电荷分布不同。

相应地，随着空间电荷分布情况的改变，油浸纸-油结构中的电场强度发生了复杂的变化。在不考虑电荷影响的情况下，油浸纸-油结构中电场强度按照油和油浸纸材料的介电常数进行分布，油浸纸层和油层中电场强度分别为 8.47 kV/mm 和 11.54 kV/mm。直流电压下介质中电场强度按照其电导率分布，而介质的电导率主要通过载流子的迁移来体现。在上述结果中，随着电荷的迁移与积聚，油层中电场强度不断减小，油浸纸层中电场强度不断增大，最终油浸纸层中电场强度超过了油层，此时油浸纸-油结构中电场强度分布同时反映了材料电导率和空间电荷的影响。

本章参考文献

[1] SEVERINE L R，TEYSSEDRE G，LAURENT C，et al. Description of charge transport in polyethylene using a fluidmodel with a constant mobility：Fitting model and experiments[J]. Journal of Physics D：Applied Physics，2006，39（7）：1427-1436.

[2] 周远翔，孙清华，李光范，等. 空间电荷对油纸绝缘击穿和沿面闪络的影响[J]. 电工技术学报，2011，26（2）：27-33.

[3] O'SULLIVAN F，LEE S-H，ZAHN M，et a1. Modeling the effect of ionic dissociation on charge transport in transformer oil[C]. 2006 IEEE Conference on Electrical Insulation and Dielectric Phenomena，2006：756-759.

[4] 唐超. 油纸绝缘介质的直流空间电荷特性研究[D]. 重庆：重庆大学，2010.

[5] TIAN J H，ZHOU Y X，WANG Y S. Simulation of space charge dynamics in low-density polyethylene underexternal electric field and injection barrier heights using discontinuous galerkin method[J]. IEEE Transactions on Dielectrics and Electrical Insulation，2011，18（5）：1374-1382.

[6] SEVERINE L R，TEYSSEDRE G，LAURENT C，et al. Description of charge transport in polyethylene using a fluid model with a constant mobility：Fitting model and experiments[J]. Journal of Physics D：Applied Physics，2006，39（7）：1427-1436.

[7] 田冀焕，邹军，袁建生，等. 应用改进脉冲电声法的空间电荷波形恢复技术[J]. 中国电机工程学

报，2010，30（10）：113-118.

[8]　周远翔，黄猛，陈维江，等. 直流电场下油纸绝缘介质界面处的空间电荷特性[J]. 高电压技术，2011，37（10）：2417-2423.

[9]　涂愈明，王赞基，江绵光，等. 变压器油流带电数学模型的研究及其应用第二部分数学模型的应用[J]. 中国电机工程学报，1998，18（2）：46-52.

[10]　吴锴，朱庆东，陈曦，等. 温度梯度效应对油纸绝缘材料空间电荷分布特性的影响[J]. 高电压技术，2011，37（4）：823-827.

[11]　连启祥. 基于瞬态上流有限元法的直流绝缘合成电场计算[D]. 武汉：武汉大学，2018.

[12]　田雨. 基于瞬态上流有限元法的油纸绝缘结构合成电场数值计算[D]. 武汉：武汉大学，2020.

[13]　朱庆东，吴锴，朱文兵，等. 温度梯度下油纸绝缘空间电荷特性的数值仿真[J]. 高电压技术，2016，42（3）：923-930.